变分不等式问题的可行增广拉格朗日方法研究

王莉　著

北京航空航天大学出版社

内 容 简 介

全书共分为6章，以变分分析为理论基础，注重算法的可行性，培养学生的逻辑推理能力和科研创新能力，提高学生运用优化基础理论解决实际问题的能力，帮助学生系统掌握变分不等式理论的基本概念及其求解方法，并深入掌握增广拉格朗日方法的求解技巧，为学生拓宽科研思维和提高科研能力打下坚实的基础。

本书可作为高等院校或科研院所运筹学与控制论、应用数学、计算数学等相关专业的研究生教学用书或参考用书。

图书在版编目(CIP)数据

变分不等式问题的可行增广拉格朗日方法研究 / 王莉著. -- 北京 ：北京航空航天大学出版社，2024.3

ISBN 978-7-5124-4368-6

Ⅰ. ①变… Ⅱ. ①王… Ⅲ. ①变分不等式—方法研究 Ⅳ. ①O178

中国国家版本馆CIP数据核字(2024)第050441号

变分不等式问题的可行增广拉格朗日方法研究

王莉 著

策划编辑 周世婷 责任编辑 龚 雪

*

北京航空航天大学出版社出版发行

北京市海淀区学院路37号(邮编100191) http://www.buaapress.com.cn

发行部电话：(010)82317024 传真：(010)82328026

读者信箱：goodtextbook@126.com 邮购电话：(010)82316936

北京凌奇印刷有限责任公司印装 各地书店经销

*

开本：710×1 000 1/16 印张：5 字数：107千字

2024年3月第1版 2024年3月第1次印刷

ISBN 978-7-5124-4368-6 定价：29.00元

前　言

变分不等式理论大量地应用于阐述和研究物理学、力学、经济学、运筹学、最优控制等数学模型以及交通运输中出现的各种平衡模型。近 30 年来，变分不等式数值方法的研究已取得重要进展，涌现了诸多有效方法，如非光滑方程组方法、光滑化方法、投影迭代法、内点法、多重分裂法、同伦方法、临近点方法等。优化界公认的在有限维空间研究互补问题与变分不等式问题的理论与算法的集大成者为 Facchinei 和 Pang，二人的专著 *Dimensional Variational Inequalities and Complementarity Problems* 中收集了关于 $\mathbf{R}^n$ 空间中互补问题与变分不等式问题的主要成果。但是该专著没有提及求解变分不等式的增广拉格朗日方法，利用该方法可求解复杂结构的变分不等式问题或不动点问题。

本书主要研究了求解不同类型的变分不等式问题和可化为变分不等式的不动点问题的可行增广拉格朗日方法，主要内容概括如下：

第 1 章介绍了变分不等式的发展历程和增广拉格朗日方法的研究现状，对投影算子及其性质、对称函数和斜对称函数的定义及其性质，以及对二阶锥的变分几何等基本概念和预备知识进行了详细的介绍。

第 2 章主要研究具有不等式约束的变分不等式问题。该类型的变分不等式问题中约束集合 $\Omega=\mathbf{R}^n$ 时的情形在 Facchinei 和 Pang 的专著 *Dimensional Variational Inequalities and Complementarity Problems* 中已被研究，但是本章采用增广拉格朗日函数构造迭代算法，并证明了这一方法的全局收敛性。当约束集合 $\Omega=\mathbf{R}^n$ 时，增广拉格朗日方法是可行的，且该方法中包含了半光滑方程，可以采用非精确的半光滑牛顿法求解该方程。本章还运用增广拉格朗日方法求解了 4 个具体的具有不等式约束的变分不等式问题，并给出了数值计算结果，所解决问题的维数最高可达 2 000 维，说明了这一方法的可行性和有效性。

第 3 章主要研究双约束条件的不动点问题。该类问题本质上也是一类均衡问题，其求解不易。本章首先运用对称函数和斜对称函数的性质，将原始的不动点问题转化为广义鞍点问题和变分不等式问题，再利用投影算子的性质得到了原不动点问题的几个等价变换。然后运用增广拉格朗日函数构造了迭代算法，证明了该算法的全局收敛性。与采用增广拉格朗日方法求解约束优化问题时需要求解一系列无约束优化的子问题相类似，求解双约束条件的不动点问题的增广拉格朗日方法涉及一系列半光滑算子方程的计算，可以采用半光滑牛顿法求解它们。最后给出具体数值算例结果说明增广拉格朗日方法的可行性和有效性。

第 4 章主要研究二阶锥约束的变分不等式问题。该类问题是对第 2 章所研究的具有不等式约束条件的变分不等式问题的推广。本章首先考虑了与二阶锥约束的变分不等式有相同解的一类特殊的二阶锥优化问题，通过对该问题的拉格朗日函数的鞍点不等式进行转换，得到了与此二阶锥约束的变分不等式的不同形式的等价表示。然后通过应用这些等价表示和投影算子，构造了增广拉格朗日方法，并证明了该方法的全局收敛性。最后给出了运用增广拉格朗日方法求解二阶锥约束的变分不等式问题的一类子问题的数值实验结果。

第 5 章主要研究具有等式约束的二阶锥变分不等式问题。与第 4 章的问题相比较，增加了等式约束条件。本章首先考虑了与具有等式约束的二阶锥变分不等式有相同解的具有等式约束的二阶锥优化问题，然后运用该优化问题的鞍点不等式及投影算子的性质对原始问题进行等价表示，建立增广拉格朗日方法，最后证明了该方法的全局收敛性。在数值实验中，求解了当约束集合 $\Omega=\mathbf{R}^n$ 时的子问题，此时增广拉格朗日方法中的隐式方程可简化为一个半光滑方程，可以运用非精确的牛顿法对其进行求解，并给出了三个数值实验结果说明增广拉格朗日方法求解具有等式约束的二阶锥变分不等式的可行性和有效性。

第 6 章主要研究一类新的二阶锥双约束的变分不等式问题。该问题是对双约束变分不等式问题的推广。根据对称函数的性质，该问题与一类特殊的最优化问题具有相同的解，首先运用该优化问题的拉格朗日函数得到一类鞍点不等式，然后基于投影算子的性质得到与二阶锥双约束的变分不等式等价的一系列表示。在此基础上建立了增广拉格朗日方法，并证明了该方法的全局收敛性。接着着重实现该类变分不等式的子问题的增广拉格朗日方法，此时增广拉格朗日方法的内层迭代中需要求解半光滑方程，可以运用非精确的半光滑牛顿法求解该半光滑方程。最后，给出了 3 个二阶锥双约束的变分不等式问题的数值实验结果，所解决问题的维数最高可以达到 2 000 维，说明增广拉格朗日方法求解二阶锥双约束变分不等式问题的可行性和有效性。

本书的结果丰富了变分不等式的数值方法的研究，对 Facchinei 和 Pang 的专著 *Dimensional Variational Inequalities and Complementarity Problems* 的研究内容做了有益补充。期望本书能对该方向的初学者提供帮助，并能推动变分不等式理论与发展的应用。

借此机会，特别感谢我的博士论文导师——大连理工大学的张立卫教授，感谢他的培养和多年来的鼓励与帮助；感谢沈阳航空航天大学孙菊贺教授多年来对我科研工作的鼓励和帮助；感谢科研团队中硕士研究生王彬、孙艺宁、米娜和刘雨所做的工作。

本书的出版得到了国家自然科学基金(11801381)的资助，在此表示感谢！

限于作者水平，本书内容难免有不妥之处，恳请读者批评指正，使之完善提高。

笔 者

2023 年 7 月 25 日于沈阳

本书的结果一部分[illegible]的数值方法的研究，对 Facchinei 和 Pang 的专著 *Finite-Dimensional Variational Inequalities and Complementarity Problems* 的研究内容做了[illegible]补充。期望本书能对[illegible]提供帮助并能够起到[illegible]的作用。

[illegible]

本书的出版得到了国家自然科学基金([illegible])资助，在此表示感谢！

限于作者水平，书中难免存在不妥之处，[illegible]。

作者

[illegible]

目　录

第1章 绪 论

本章首先简要介绍变分不等式问题的发展历程和研究现状，以及变分不等式问题的增广拉格朗日方法的研究现状，并介绍一些基本概念及相关的预备知识，最后扼要地列出本书的研究内容以及取得的主要结果。

1.1 变分不等式问题的发展历程和研究现状

变分不等式理论是当今非线性分析的重要组成部分，它在力学、微分方程、控制论、数理经济、对策理论、优化理论、非线性规划等理论和应用学科都有广泛的应用。关于变分不等式理论的系统研究开始于20世纪60年代，意大利的数学工作者Guido Tampacchia及其同事最先使用变分不等式作为处理机械中单侧的弹性及塑性问题的分析工具，他们用非线性偏微分算子表达自由边界问题。一些早期的关于变分不等式的文献可参阅文献[1]～[4]。1964年，Stampacchia通过Lax - Mfifigram定理，将变分不等式由Hilbert空间推广到非空闭凸子集，得到了变分不等式的第一个解的存在唯一性定理。Baiocchi和Capelo、Kinderlehrer和Stampacchia以及Barbu给出了无穷维函数空间上的变分不等式应用的完整介绍。Glowinski、Lions和Trémolière所做的研究是最早讨论变分不等式详细的数值求解方法的研究之一。Isac研究了抽象空间中的互补问题。到了20世纪90年代，Mathematical Programming杂志出版了非线性互补问题与变分不等式的专著，标志着变分不等式已成为非线性规划的一个重要研究领域。目前，经典的变分不等式理论已被大量地用于研究产生于应用数学、优化控制理论、力学、物理学、非线性规划、经济学、金融、交通、弹性学、应用科学等各个理论中的有效问题的一般处理框架，如参考文献[11]（障碍问题、水坝问题的正则理论）、文献[12]（几类变分不等式和自由边界问题的数学分析）、文献[13]、文献[14]（变分不等式的数值分析和算法）、文献[15]（塑性力学中的硬化问题的变分不等式的数学理论和离散逼近）、文献[16]（黏弹性、黏塑性材料的接触力学的变分不等式的数学理论和数值分析）、文献[17]（力学中的变分不等式的理论和数值逼近）、文献[18]（障碍问题中的变分不等式的完整理论介绍）等。变分不等式理论是当前数学技术的一个强大工具。

所谓经典的变分不等式VI(F,K)问题是指：求解 $\bar{x}\in K$ 满足

$$\langle F(\bar{x}),y-\bar{x}\rangle \geqslant 0,\quad \forall y\in K \tag{1.1}$$

其中，K 是Banach空间 X 中的一个非空闭凸集，$F:K\to X^*$ 为一个连续映射。X^* 表示 X 的对偶空间，$\langle\cdot,\cdot\rangle$ 表示 X 与 X^* 之间的偶对。

上述经典的变分不等式问题可以转化为不动点问题、非线性方程组、最优化问题的 KKT 条件及互补问题等。简单介绍如下：

变分不等式可以等价为不动点问题。根据投影算子的定义和性质知道 $\bar{x}\in K$ 是变分不等式问题的解，当且仅当

$$\bar{x}=\Pi_K(\bar{x}-F(\bar{x}))$$

其中，Π_K 是到集合 K 上的投影算子。

变分不等式可以称为极大单调算子方程。$\bar{x}\in K$ 是变分不等式问题的解，当且仅当 $\bar{x}$ 是包含系统

$$0\in F(x)+N_K(x)$$

的解。这里 $N_K(x)$ 代表集合 K 在点 x 处的法锥，其定义如下：

$$N_K(x):=\{v\in \mathbf{R}^n:\langle v,y-x\rangle\leqslant 0,\forall y\in K\}$$

当 $X=\mathbf{R}^n$ 时，变分不等式(1.1)称为有限维变分不等式。众所周知，如果 F 是一个实值可微函数 $f:\mathbf{R}^n\to\mathbf{R}$ 的梯度，则 VI(F,K)是优化问题

$$\min f(x),\quad \forall x\in K$$

的 KKT 条件。

非线性互补问题 NCP 是变分不等式 VI(F,K)的一个重要特例，它是 K 为非负象限时的变分不等式的特殊情形。给定向量值函数 $F:\mathbf{R}^n\to\mathbf{R}^n$，非线性互补问题 NCP 是指：求解一个向量 $\boldsymbol{x}\in\mathbf{R}^n$ 满足

$$F(\boldsymbol{x})\geqslant 0,\quad \boldsymbol{x}\geqslant 0,\quad F^{\mathrm{T}}(\boldsymbol{x})\boldsymbol{x}=0$$

有限维变分不等式和非线性互补问题的研究虽然也开始于 20 世纪 60 年代，但是与无限维情形不同，它起源于优化领域。到目前为止，优化界公认的在有限维空间研究互补问题与变分不等式的理论与算法的集大成者为 Facchinei 和 Pang，二人的专著收集了关于 $\mathbf{R}^n$ 空间中的互补问题与变分不等式的几乎所有重要的成果。

众所周知，变分不等式问题的研究方向大致可分为理论与算法两大方向，理论方面的研究焦点集中于变分不等式问题的解的存在性、唯一性等；而算法方面主要研究如何引进和借助有关技术、概念和思想，以设计各种类型的变分不等式问题的具体求解方法。

关于解的存在性的理论性结果可详细参阅 Facchinei 和 Pang 的专著(参考文献[19])中的第 2 章和第 3 章，本书不做详细介绍。近 30 年在变分不等式数值方法的研究上取得了重要进展，涌现了诸多数值方法，概述如下：

① 非光滑方程组方法。由于变分不等式问题和互补问题都可以转化为与之等价的非光滑方程组问题，利用求解非光滑方程组的数值方法，如牛顿法、拟牛顿法、阻尼牛顿法等得到原问题的解。非光滑方程组的数值方法的详细介绍可参阅 Facchinei 和 Pang 专著中的第 7 章，其主要研究了求解非光滑方程组的局部收敛的牛顿法及其收敛速度。

② 光滑化方法。光滑化方法分为 Jacobi 光滑化方法、修正 Jacobi 光滑化方法以

及完全光滑化方法。它的思想在于用一个光滑函数 $H_\varepsilon(x)$ 近似代替 $H(x)=x-\Pi_K(x-F(x))$，通过求解光滑函数的解来逼近原问题的解。具体内容见参考文献[20]。

③ 无约束最优化方法。通过引入有效的效益函数，将 VI(F,K)转化为等价的约束或无约束最优化问题，然后用已有的优化算法求解。Facchinei 和 Pang 专著中的第 8 章给出了详细的阐述。

④ 投影迭代法。投影算子毫无疑问是最基本和最有效的数学工具。由于投影算子 $\Pi_K(x)$ 不涉及变分不等式中函数 F 的导数信息和其他复杂运算，因此适用于约束集合 $K\subset\mathbf{R}^n$ 相对简单，从而使投影算子 $\Pi_K(x)$ 易于实现且计算简便的情形。在理论方面，Facchinei 和 Pang 专著中的第 4 章深入研究了当约束集合 K 是多面体时的投影算子 Π_K 的可微性，同时也讨论了正规流形和分片仿射函数的全局同胚性质。这些结果为变分不等式和互补问题的灵敏性和稳定性分析奠定了基础。

⑤ 内点法。内点法的思想来源于 1984 年 Karmarkar 提出的解线性规划的算法，这类算法的优点在于它具有多项式计算复杂性，适合于大规模问题的计算。具体的研究方法见参考文献[21]和[22]。Facchinei 和 Pang 专著中的第 11 章运用内点法求解互补问题和具有不同种类的 KKT 条件的变分不等式问题，并且建立了一个统一的框架。

⑥ 多重分裂法。分裂法的基本思想是要求解由两个映射的和构成的单调映射 $T\equiv A+B$ 的零点，但是其预解算子 $(I+CT)^{-1}$ 是很难估计的。而映射 A 和映射 B 的预解算子却都是容易估计的，因此通过求解这两个映射(A 和 B)或者其中一个映射(A 或 B)的预解算子来求解 $0\in T(x)$。这类方法最早由 Oléaty 和 White 提出来求解线性方程组，Formmer 等做了进一步的研究，Benassi 和 White 提出了一个求解变分不等式的多重分裂法，Bai 对互补问题做了一系列的研究。

⑦ 同伦方法。早在 1979 年，Watson 运用同伦方法求解了非线性互补问题。具体步骤如下：首先将求解非线性互补问题等价为求解 Mangasarian 非线性光滑问题，然后构造不动点同伦，则在一定的假设条件下，证明了同伦路径的存在性和收敛性。具体内容可见参考文献[30]和[31]。

⑧ Tikhonov 正则化方法。该方法用来处理单调变分不等式问题 VI(F,K)，即变分不等式中的映射 F 是单调的。Tikhonov 正则化的过程是指通过求解一族变分不等式问题 VIs(F_ε,K)的解来逼近原始问题 VI(F,K)的解，其中 $F_\varepsilon=F+\varepsilon I$ 且 $\varepsilon>0$ 是一个参数。具体的研究方法可参阅 Facchinei 和 Pang 专著中的第 12 章。

⑨ 临近点方法。Tikhonov 正则化方法中当 ε 充分接近 0 的时候，所得到的扰动问题的求解就会越来越困难，而临近点方法弥补了这样的不足。具体内容参阅 Facchinei 和 Pang 专著中的第 12 章。

以上的介绍涉及了 Facchinei 和 Pang 专著的部分内容，其他的诸如变分不等式和互补问题的稳定性分析、灵敏性分析等内容在该专著中也有详细介绍。

近些年来，二阶锥约束优化问题是研究的热点之一，学者们提出了若干算法来求解二阶锥规划问题，参见文献[32]～[37]。对于二阶锥补问题，学者们提出了大量光滑和非光滑算法，参见文献[38]和[39]等。孙菊贺（参考文献[40]）讨论了二阶锥变分不等式问题的半光滑牛顿法和光滑函数方法。本书将对三类二阶锥变分不等式的增广拉格朗日方法展开研究。

1.2 增广拉格朗日方法的研究现状

增广拉格朗日函数是经典拉格朗日函数的修正形式，增广拉格朗日方法在求解约束优化问题中扮演着重要的角色。

考虑非线性的优化问题

$$\begin{cases}\min f_0(x)\\ \text{s.t. } f_i(x)\geqslant 0, \quad i=1,2,\cdots,m,\\ \qquad h_j(x)=0, \quad j=1,2,\cdots,k,\end{cases}\tag{1.2}$$

其中，$x\in\mathbf{R}^n$，$f_i(x):\mathbf{R}^n\to\mathbf{R}^l(i=1,2,\cdots,m)$，$h_j(x):\mathbf{R}^n\to\mathbf{R}^l(j=1,2,\cdots,k)$是实值函数。问题(1.2)的经典拉格朗日函数定义为

$$L(x,u)=f_0(x)-\sum_{i=1}^{m}u_if_i(x)-\sum_{j=1}^{k}v_jh_j(x)$$

为克服早期的惩罚或障碍函数法的不足，针对具有等式约束的非线性优化问题

$$\begin{cases}\min f_0(x)\\ \text{s.t. } h_j(x)=0, \ j=1,2,\cdots,k,\end{cases}\tag{1.3}$$

其中，$x\in\mathbf{R}^n$，$h_j(x):\mathbf{R}^n\to\mathbf{R}^l(j=1,2,\cdots,k)$是实值函数。Hestenes 与 Powell 各自独立地提出了增广拉格朗日函数

$$F(x,\boldsymbol{\lambda})=f_0(x)+\boldsymbol{\lambda}^{\mathrm{T}}h(x)+(c/2)\|h(x)\|^2, \quad c>0$$

和

$$P(x,\boldsymbol{\lambda},\theta)=f_0(x)+\sum_{j=1}^{k}(h_j(x)+\theta_j)^2$$

来求解具有等式约束的非线性优化问题(1.3)。针对等式约束的最优化问题，Powell 利用他熟练的矩阵分析技巧证明了经典增广拉格朗日方法的收敛性。

Di Pillo 和 Grippe 引入了一类求解具有等式约束的优化问题(1.3)的增广拉格朗日函数

$$F(x,\boldsymbol{\mu},c)=f_0(x)+\boldsymbol{\mu}^{\mathrm{T}}h(x)+c\|h(x)\|^2+\|\boldsymbol{M}(x)\boldsymbol{B}_x^{\mathrm{T}}\|^2, \quad c>0$$

其中，$\boldsymbol{B}_x$ 是经典拉格朗日函数关于 x 的梯度，并给出了矩阵 $\boldsymbol{M}(x)$ 的几个选择。在 Di Pillo 和 Grippe 的研究中，通过引入松弛变量及矩阵 $\boldsymbol{M}(x)$ 的特殊选择将其应用于求解具有不等式约束的优化问题。

Rockafellar 把 Hestenes 和 Powell 的思想进一步推广应用于不等式约束优化问

题，得到一般约束优化问题的经典的增广拉格朗日函数，并对凸规划建立了增广拉格朗日方法的理论。

对于凸规划，Polyak 和 Teboulle 讨论了一类具有如下形式的拉格朗日函数：

$$G(x,u,\mu)=f_0(x)-\mu^{-1}\sum_{i=1}^{m}u_i\psi(\mu f_i(x))$$

其中，$\mu>0$ 是惩罚参数，ψ 是二次连续可微函数。他们建立了非线性重新尺度化 NR (nonlinear recalling)算法，在适当的假设条件下，证明了由非线性尺度化算法产生的对偶序列全局收敛到最优乘子，而相应的原始解序列在 Ergodic 意义下收敛到近似原始最优解。

对于非凸规划，Mangasarian 引入了一类非线性拉格朗日函数来求解具有不等式约束的优化问题，导致了无约束鞍点问题；Charalambous 给出了极小 p -函数；Bertsekas 提出了幂拉格朗日函数：

$$F(x,u,k)=f_0(x)-k^{-1}\sum_{i=1}^{m}u_i(1-\mathrm{e}^{-kf_i(x)})$$

Polyak 给出了两个修正的障碍函数，即修正的 Frish 函数

$$F(x,u,k)=\begin{cases}f_0(x)-k^{-1}\sum\limits_{i=1}^{m}u_i\ln(kf_i(x)+1), & x\in\operatorname{int}\Omega_k\\ +\infty, & x\notin\operatorname{int}\Omega_k\end{cases}$$

和修正的 Carroll 函数

$$C(x,u,k)=\begin{cases}f_0(x)-k^{-1}\sum\limits_{i=1}^{m}u_i(1-(kf_i(x)+1)^{-1}), & x\in\operatorname{int}\Omega_k\\ +\infty, & x\notin\operatorname{int}\Omega_k\end{cases}$$

其中，$k>0$ 是惩罚参数，$\Omega_k=\{x\mid 1+kf_i(x)\geqslant 0,i=1,2,\cdots,m\}$。

针对具有等式和不等式约束的优化问题(1.2)，Goldfarb 等提出了一个修正的障碍-增广拉格朗日函数：

$$F(x,u,\nu,k)=$$

$$\begin{cases}f_0(x)-k^{-1}\sum\limits_{i=1}^{m}u_i\ln(kf_i(x)+1)-\sum\limits_{j=1}^{k}\nu_jh_j(x)+\dfrac{1}{2}\sum\limits_{j=1}^{k}h_j^2(x), & x\in\operatorname{int}\Omega_k\\ \infty, & x\notin\operatorname{int}\Omega_k\end{cases}$$

其中，$\Omega_k=\{x:f_i(x)\geqslant -k^{-1},i=1,2,\cdots,p\}$。

这些针对不同优化问题提出来的增广拉格朗日函数为求解相应的优化问题提供了有力的工具。近些年来，运用增广拉格朗日方法求解优化问题的相关文献可参阅文献[53]～[59]。关于半定规划 SDP 的增广拉格朗日方法的研究可参阅参考文献[60]。文献[61]讨论了锥约束优化的增广拉格朗日方法。

上述提到的增广拉格朗日方法主要是对优化问题求解的应用，但是用增广拉格

朗日方法求解变分不等式的工作却很鲜见。2000 年，Antipin 提出了具有双约束条件的变分不等式，并且提出了对称函数的定义，研究了对称函数的性质。在一定条件下，利用拉格朗日函数得到原变分不等式的鞍点问题。利用投影算子的定义及其性质，可将原变分不等式问题进行一系列的等价变换。然后，运用增广拉格朗日函数构造了数值算法，同时证明了该算法的全局收敛性，在理论研究上得到了较好的结果。但是，Antipin 只给出了理论结果，却未能给出数值实验。

Antipin 研究变分不等式所运用的这一思想是很独特的，与其他研究变分不等式的思想方法都不同。通过对文献[63]～[65]的研究，发现 Antipin 的方法本质也是一种交替方向方法。但是 Antipin 没有进行数值实现，在该思想的启发下，可以发现增广拉格朗日方法对于求解变分不等式问题在构造数值算法时能起到很重要的作用，因此本书试图建立数值上可以实现的变分不等式的增广拉格朗日方法。不仅仅在理论上取得进展，也要给出数值实验以说明这一方法的可行性和有效性。希望本书的工作能够对 Facchinei 和 Pang 的专著中变分不等式的数值方法做一个补充。

1.3 基本概念和预备知识

前面介绍了变分不等式的发展历程和研究现状，以及变分不等式的增广拉格朗日方法的研究现状，下面介绍本书将要用到的基本概念和预备知识。

在变分不等式的增广拉格朗日方法的研究中，投影算子对变分不等式转化为方程时起到非常重要的作用。

设 C 是一个非空闭凸集合，对任意 $x\in\mathbf{R}^n$，存在唯一 $\hat{x}\in C$ 满足

$$\|x-\hat{x}\|=\min\{\|x-y\|\mid y\in C\}$$

则称点 $\hat{x}$ 是 x 到集合 C 上的投影，记作 $\Pi_C(x)$。因此投影算子 $\Pi_C:\mathbf{R}^n\to C$ 是定义在 $\mathbf{R}^n$ 上的映射，并且投影算子是非扩张的。本书中 $\|\cdot\|$ 表示 l_2 范数。下面是关于投影算子的一个重要的引理。

引理 1.1 设 H 是实 Hilbert 空间，C 是空间 H 上的非空闭凸子集。对任意给定的 $z\in H$，$u\in C$ 满足下面的不等式

$$\langle u-z,v-u\rangle\geqslant 0,\quad \forall v\in C$$

当且仅当 $u-\Pi_C(z)=0$。

下面介绍 Antipin 关于对称函数和斜对称函数的定义及其性质。

定义 1.1 称函数 $g:\mathbf{R}^n\times\mathbf{R}^n\to\mathbf{R}^m$ 在 $\mathbf{R}^n\times\mathbf{R}^n$ 上是对称的，须满足

$$g(x,y)=g(y,x),\quad \forall x,y\in\mathbf{R}^n \tag{1.4}$$

Antipin 研究了对称函数的性质如下：

性质 1.1 向量值对称函数 $g(x,y):\mathbf{R}^n\times\mathbf{R}^n\to\mathbf{R}^m$ 关于变量 x 和 y 的梯度在集 $\Omega\times\Omega$ 上的值是相等的，即

$$\nabla_y^{\mathrm{T}}g(x,x)=\nabla_x^{\mathrm{T}}g(x,x),\quad \forall x,y\in\Omega \tag{1.5}$$

证明:在式(1.4)等号的两端分别关于第二元求导数,可得

$$\nabla_y^{\mathrm{T}} g(x,y)=\nabla_x^{\mathrm{T}} g(y,x), \quad \forall x,y \in \Omega \tag{1.6}$$

其中,$\nabla_y^{\mathrm{T}} g(x,y)$和$\nabla_x^{\mathrm{T}} g(y,x)$是$m\times n$矩阵,其行向量分别是$\nabla_y g_i(y,x)$和$\nabla_x g_i(x,y)$,$i=1,2,\cdots,m$。在式(1.6)中令$x=y$得式(1.5)成立,证毕。

性质 1.2 算子$2\nabla_y g(x,y)|_{x=y}$与对称函数$g(x,y)|_{x=y}$在$\Omega\times\Omega$上的梯度$\nabla g(x,x)$是一致的,即

$$2\nabla_y^{\mathrm{T}} g(x,y)|_{x=y}=\nabla^{\mathrm{T}} g(x,x), \quad \forall x,y \in \Omega \tag{1.7}$$

证明:根据$g(x,y)$可微的定义有

$$g(x+h,y+k)=g(x,y)+\nabla_x^{\mathrm{T}} g(x,y)h+\nabla_y^{\mathrm{T}} g(x,y)k+\omega(x,y,h,k) \tag{1.8}$$

其中,$\omega(x,y,h,k)/(\|h\|^2+\|k\|^2)^{1/2}\to 0,\|h\|^2+\|k\|^2\to 0$。

在式(1.8)中令$x=y,h=k$,则再由式(1.5)和式(1.6)可得

$$g(x+h,x+h)=g(x,x)+2\nabla_y^{\mathrm{T}} g(x,x)h+\omega(x,h) \tag{1.9}$$

其中,$\omega(x,h)/\|h\|\to 0,\|h\|\to 0$。显然式(1.9)是式(1.8)的特殊情形。函数$g(x,x)$可以看作是函数$g(x,y)$当$x=y(x,y\in\Omega)$时的函数,其梯度为$\nabla g(x,x)$,则由式(1.9)可得式(1.7)成立,证毕。

定义 1.2 称函数$\Phi(x,y):\mathbf{R}^n\times\mathbf{R}^n\to\mathbf{R}$在集合$\Omega\times\Omega$上是正半定的或斜对称的,须满足

$$\Phi(y,y)-\Phi(y,x)-\Phi(x,y)+\Phi(x,x)\geqslant 0, \quad \forall x,y \in \Omega \tag{1.10}$$

根据定义 1.2 可知,由$\Phi(x,y)$在$y\in\Omega$处是凸的可以得到梯度$\nabla_y g(x,y)|_{x=y}$的单调性。事实上,如果函数$\Phi(x,y)$在y处是凸的,则根据已知的凸性表达式:如果可微映射$f:\mathbf{R}^n\to\mathbf{R}$是凸的,对任意$x,y\in\mathbf{R}^n$有

$$\langle\nabla f(x),y-x\rangle\leqslant f(y)-f(x)\leqslant\langle\nabla f(y),y-x\rangle$$

再由式(1.10)可得$\nabla_y g(x,y)|_{x=y}$的单调性如下:

$$\langle\nabla_y g(y,y)-\nabla_y g(x,x),y-x\rangle\geqslant 0, \quad \forall x,y \in \Omega \tag{1.11}$$

本书将会研究二阶锥约束变分不等式问题的增广拉格朗日方法,下面介绍二阶锥的定义及二阶锥上的投影的相关性质。

二阶锥$K^n\subset\mathbf{R}^n\ (n\geqslant 1)$称为 Lorentz 锥或者冰激凌锥,满足

$$K^n=\{(x_1;\bar{x})\mid x_1\in\mathbf{R},\bar{x}\in\mathbf{R}^{n-1},x_1\geqslant\|\bar{x}\|\}$$

当$n=1$时,K^n退化为非负实数集$\mathbf{R}_+$。与二阶锥密切相关的一种代数是所谓的欧式 Jordan 代数。

对于$x,y\in\mathbf{R}^n$,定义它们的 Jordan 乘法:

$$x\circ y=(x^{\mathrm{T}}y;x_1\bar{y}+y_1\bar{x})$$

于是,通常的加法"+","∘"以及单位元$e=(1;0)$就产生了与二阶锥相联系的 Jordan 代数,记为$(\mathbf{R}^n,\circ)$。

由参考文献[68]可知,可以对每一个$x=(x_1;\bar{x})\in\mathbf{R}\times\mathbf{R}^{n-1}$做谱分解,与$K^n$相

对应有下面的形式：

$$x=\lambda_1(x)c_1(x)+\lambda_2(x)c_2(x) \tag{1.12}$$

其中，$\lambda_1(x)$，$\lambda_2(x)$称为 x 的特征值，$\boldsymbol{c}_1(x)$，$\boldsymbol{c}_2(x)$称为 x 对应于特征值$\lambda_1(x)$，$\lambda_2(x)$的特征向量。它们通过下列式子给出：

$$\lambda_i(x)=x_1+(-1)^i\|\bar{x}\|$$

和

$$c_i(x)=\begin{cases}\dfrac{1}{2}\left(1;(-1)^i\dfrac{\bar{x}}{\|\bar{x}\|}\right), & \bar{x}\neq 0\\ \dfrac{1}{2}(1;(-1)^i\boldsymbol{\omega}), & \bar{x}=0\end{cases}$$

其中，$i=1,2$，$\boldsymbol{\omega}$ 是 $\mathbf{R}^{n-1}$ 中的任意向量且满足 $\|\boldsymbol{\omega}\|=1$。如果 $\bar{x}\neq 0$，则谱分解是唯一的。

设 $x\in\mathbf{R}^n$ 具有谱分解式(1.12)的形式，到二阶锥 K^n 上的投影记作 $\Pi_{K^n}(x)$，可表示为

$$\Pi_{K^n}(x)=[\lambda_1(x)]_+\boldsymbol{c}_1(x)+[\lambda_2(x)]_+\boldsymbol{c}_2(x)$$

其中，$[\lambda_i]_+=\max\{0,\lambda_i\}$，$i=1,2$。直接计算可得

$$\Pi_{K^n}(x)=\begin{cases}\dfrac{1}{2}\left(1+\dfrac{x_1}{\|\bar{x}\|}\right)(\|\bar{x}\|,\bar{x}), & |x_1|<\|\bar{x}\|\\ x, & \|\bar{x}\|\leqslant x_1\\ 0, & \|\bar{x}\|\leqslant -x_1\end{cases}$$

由参考文献[69]可知投影算子 $\Pi_{K^n}(x)$在 $\mathbf{R}^n$ 中的每一点处均是方向可微的，同时是强半光滑的。

增广拉格朗日方法的可行性和有效性离不开投影算子的半光滑性，下面介绍微分及半光滑的相关概念。

对映射 $G:\mathbf{R}^n\to\mathbf{R}^m$，记 $JG(x)$表示映射 G 在 $x\in\mathbf{R}^n$ 处 Fréchet 可导，令 D_G 表示映射 G 在 $\mathbf{R}^n$ 中的 Fréchet 可微点的集合，那么映射 G 在 $x\in\mathbf{R}^n$ 处的 Bouligand 次微分定义如下：

$$\partial_B G(x):=\{V\in\mathbf{R}^{m\times n}:V=\lim_{k\to\infty}JG(x^k)\mid x^k\in D_G,x^k\to x\}$$

G 在 x 处的 Clarke 意义下的广义 Jacobian 是$\partial_B G(x)$的凸包，即 $\partial G(x):=\mathrm{conv}\{\partial_B G(x)\}$。下面是半光滑函数的定义。

定义 1.3 设 $G:\mathbf{R}^n\to\mathbf{R}^m$ 是局部 Lipschitz 连续映射，称 G 在 $x\in\mathbf{R}^n$ 处是半光滑的，须满足：

① G 在 x 处是方向可微的；

② 对任意 $\Delta x\in\mathbf{R}^n$ 和 $H\in\partial G(x+\Delta x)$且 $\Delta x\to 0$

$$G(x+\Delta x)-G(x)-H(\Delta x)=O(\|\Delta x\|)$$

进一步地，称 G 在 $x\in\mathbf{R}^n$ 处是强半光滑的，如果 G 在 x 处是半光滑的，且对任意 $\Delta x\in\mathbf{R}^n$ 和 $H\in\partial G(x+\Delta x)$ 且 $\Delta x\to 0$，满足

$$G(x+\Delta x)-G(x)-H(\Delta x)=O(\|\Delta x\|^2)$$

1.4 本书主要研究内容及结果

本书主要研究变分不等式问题和可转化为变分不等式的不动点问题的可行的增广拉格朗日方法，主要内容概括如下：

第 1 章介绍了变分不等式的发展历程和增广拉格朗日方法的研究现状，对投影算子及其性质、对称函数和斜对称函数的定义及其性质，以及二阶锥的变分几何等基本概念和预备知识进行了详细的介绍。

第 2 章运用可行增广拉格朗日方法求解了具有约束条件的变分不等式问题，并证明了这一方法的全局收敛性。尤其研究了该类变分不等式问题当约束集合是整个空间的情形，而这一情形的变分不等式问题在参考文献[19]中已被研究，但是与之不同的是本章采用增广拉格朗日函数构造迭代算法。由于此时增广拉格朗日方法中所包含的方程是半光滑的，因此采用非精确的半光滑牛顿法求解该方程。最后，运用增广拉格朗日方法求解了四个具体的具有约束条件的变分不等式问题，其中增广拉格朗日方法中的内层迭代采用非精确的半光滑牛顿法进行求解，并通过四个数值实验结果来说明了这一方法的可行性和有效性。

第 3 章主要研究双约束条件的不动点问题的可行增广拉格朗日方法。通过将原始的不动点问题转化为广义鞍点问题和变分不等式问题，利用投影算子及其性质得到了原不动点问题的几个等价的变换。然后运用增广拉格朗日函数构造了迭代算法，证明了该算法的全局收敛性。在用增广拉格朗日方法求解双约束条件的不动点问题时，内层迭代包含求解含有投影算子的方程，该方程是半光滑的，因此采用半光滑牛顿方法求解。最后给出了具体数值实验结果说明了增广拉格朗日方法的可行性和有效性。

第 4 章构造了求解二阶锥约束的变分不等式问题的可行增广拉格朗日方法。通过研究与二阶锥约束的变分不等式有相同解的一类特殊的二阶锥优化问题，得到了与此二阶锥约束的变分不等式不同形式的等价表示。通过应用这些等价表示和投影算子，建立了增广拉格朗日方法，并证明了全局收敛性，同时运用增广拉格朗日方法侧重求解了二阶锥约束的变分不等式问题的一类子问题。最后，得到了求解三个二阶锥约束的变分不等式的数值结果。

第 5 章研究了具有等式约束的二阶锥变分不等式的可行增广拉格朗日方法，与第 4 章问题相比增加了等式约束，但讨论过程相似。首先考虑了与原问题具有相同解的一类特殊的具有等式约束的二阶锥优化问题。然后通过该优化问题的拉格朗日函数和鞍点不等式得到一系列等价变换，在此基础上构造了增广拉格朗日方法，并证

明了该方法的全局收敛性。当约束集合 $\Omega=\mathbf{R}^n$ 时，增广拉格朗日方法中的隐式可以简化为半光滑方程，并运用非精确的牛顿法求解该方程。最后给出了数值实验结果，说明了该方法求解具有等式约束的二阶锥变分不等式的可行性和有效性。

第 6 章提出了一类新的二阶锥双约束的变分不等式问题，该问题是对双约束变分不等式问题的推广。运用对称函数的性质，该问题可视为一类特殊的最优化问题，运用该优化问题的拉格朗日函数得到了一类鞍点不等式，基于投影算子的性质得到了二阶锥双约束的变分不等式的一系列等价表示。在此基础上建立了增广拉格朗日方法，并证明了该方法的全局收敛性。然后，着重实现了该类变分不等式的子问题的增广拉格朗日方法，此时增广拉格朗日方法的内层迭代中需要求解半光滑方程，因此运用非精确的半光滑牛顿法求解该方程。最后给出了内层迭代用非精确的半光滑牛顿法求解的增广拉格朗日方法计算三个二阶锥双约束的变分不等式问题的数值实验结果，所求解的二阶锥双约束变分不等式问题的维数最高可达 2 000 维，说明该方法的可行性和有效性。

第2章　具有约束条件的变分不等式的可行增广拉格朗日方法

本章构造求解具有约束条件的变分不等式问题的增广拉格朗日方法，并证明了这一方法的全局收敛性。侧重研究了这类变分不等式的一类子问题，此时增广拉格朗日方法中的内层迭代包含半光滑方程，可以运用非精确的半光滑牛顿法求解该半光滑方程。最后，给出了内层迭代用非精确的半光滑牛顿法求解的增广拉格朗日方法计算几个具有约束条件的变分不等式问题的数值结果。

2.1　引　言

具有约束条件的变分不等式问题是指：求解 $x^* \in K$ 满足

$$\langle F(x^*), y - x^* \rangle \geqslant 0, \quad \forall y \in K \tag{2.1}$$

其中 K 的定义如下：

$$K = \{x \in \Omega \mid g(x) \leqslant 0\} \tag{2.2}$$

$F:\mathbf{R}^n \to \mathbf{R}^n$ 是单调映射，$g:\mathbf{R}^n \to \mathbf{R}^m$ 是凸的可微的映射，Ω 是 n 维欧式空间 $\mathbf{R}^n$ 的非空闭凸子集。

Antipin 第一次运用增广拉格朗日方法求解了具有双约束条件的变分不等式问题。在文献[62]中，Antipin 提出了具有双约束条件的变分不等式，并且给出了对称函数的定义和性质，用增广拉格朗日函数构造了数值算法，并证明了该算法的全局收敛性。但是，Antipin 只给出了理论结果，却未能给出数值实验。

本章运用增广拉格朗日方法求解具有约束条件的变分不等式问题(2.1)。通过考虑一类特殊的优化问题，该问题与具有约束条件的变分不等式问题(2.1)有相同的解。在一定的条件下，得到了具有约束条件的变分不等式问题(2.1)的不同的等价变换。运用增广拉格朗日函数构造其数值算法，证明了增广拉格朗日方法的全局收敛性。Facchinei 和 Pang 求解了问题(2.1)当约束条件式(2.2)中 $\Omega=\mathbf{R}^n$ 时的情形，此种情形的变分不等式问题是本章所研究的具有约束条件的变分不等式问题(2.1)的一类子问题。因此，本章也用增广拉格朗日方法求解了这类子问题，即约束条件(2.2)中 $\Omega=\mathbf{R}^n$ 时的情形。此时，由于增广拉格朗日方法中的方程是半光滑的，因此运用非精确的半光滑牛顿法求解了该方程。最后，运用内层迭代是非精确的半光滑牛顿法的增广拉格朗日方法求解了四个数值算例，其中包括求解了两个生物种群在演化过程中的博弈模型。

本章的结构可概括如下：2.2 节中，首先考虑一个特殊的优化问题，该问题与原始问题具有相同的解，然后再运用拉格朗日函数和鞍点不等式将具有约束条件的变分不等式问题(2.1)进行等价变换。在 2.3 节中，在等价变换的基础上构造具有约束条件的变分不等式问题(2.1)的增广拉格朗日方法，并证明其全局收敛性。在 2.4 节中，给出了数值实验说明增广拉格朗日方法对于求解问题(2.1)是可行和有效的。

2.2 具有约束条件的变分不等式的拉格朗日函数

对于下面的优化问题：

$$\begin{cases}\min f(y)\\ \text{s.t. } y\in K\end{cases}\tag{2.3}$$

其中，$f(y)=\langle F(x^*),y-x^*\rangle$ 且 $f(y)\geqslant 0$，K 由式(2.2)定义。显然，优化问题(2.3)与具有约束条件的变分不等式问题(2.1)的解是相同的。优化问题(2.3)的拉格朗日函数为

$$L(x^*,y,u)=\langle F(x^*),y-x^*\rangle+\langle u,g(y)\rangle,\quad \forall y\in\Omega,\quad \forall u\in\mathbf{R}_+^m$$

其中，y 和 u 分别是原始变量和对偶变量。显然，x^* 是 $f(y)$ 的最小值，在一定的正则条件下，原问题的解 x^* 和拉格朗日乘子 u^* 是拉格朗日函数 $L(x^*,y,u)$ 的鞍点，即有下式成立：

$$\begin{aligned}&\langle F(x^*),x^*-x^*\rangle+\langle u,g(x^*)\rangle\leqslant\langle F(x^*),x^*-x^*\rangle+\langle u^*,g(x^*)\rangle\\ &\quad\leqslant\langle F(x^*),y-x^*\rangle+\langle u^*,g(y)\rangle,\quad \forall y\in\Omega,\forall u\in\mathbf{R}_+^m\end{aligned}\tag{2.4}$$

鞍点表达式(2.4)的右侧不等式和左侧不等式可以分别表示成下面的等价形式

$$\begin{cases}x^*\in\arg\min\{\langle F(x^*),y-x^*\rangle+\langle u^*,g(y)\rangle\mid y\in\Omega\}\\ u^*\in\arg\max\{\langle u,g(x^*)\rangle\mid u\in\mathbf{R}_+^m\}\end{cases}\tag{2.5}$$

如果 $g(y)$ 是可微的，则通过计算，系统(2.5)可以转化成与之等价的变分不等式系统

$$\begin{cases}\langle F(x^*)+\mathrm{J}g(x^*)^{\mathrm{T}}u^*,y-x^*\rangle\geqslant 0, & \forall y\in\Omega\\ \langle -g(x^*),u-u^*\rangle\geqslant 0, & \forall u\in\mathbf{R}_+^m\end{cases}\tag{2.6}$$

其中，$\mathrm{J}g(x^*)$ 表示映射 $g(y)$ 在 x^* 处的 Jacobian。

根据投影算子的定义及引理 1.1，变分不等式系统(2.6)可以转化成与之等价的方程

$$\begin{cases}x^*=\Pi_\Omega(x^*-\alpha(F(x^*)+\mathrm{J}g(x^*)^{\mathrm{T}}u^*))\\ u^*=\Pi_+(u^*+\alpha g(x^*))\end{cases}\tag{2.7}$$

其中，$\alpha>0$，Π_+ 和 Π_Ω 分别是到正卦限 $\mathbf{R}_+^m$ 和集合 Ω 上的投影算子。

如果 $g(y)$ 是凸映射，则有

$$\begin{aligned}&\langle \mathrm{J}g(x^*)^{\mathrm{T}}u^*,y-x^*\rangle=\langle u^*,\mathrm{J}g(x^*)(y-x^*)\rangle\leqslant\\ &\langle u^*,g(y)-g(x^*)\rangle,\quad \forall y\in\Omega\end{aligned}$$

根据上式，变分不等式系统(2.6)可以转化为

$$\begin{cases}\langle F(x^*), y-x^*\rangle + \langle u^*, g(y)-g(x^*)\rangle \geqslant 0, & \forall y \in \Omega \\ \langle -g(x^*), u-u^*\rangle \geqslant 0, & \forall u \in \mathbf{R}_+^m\end{cases} \tag{2.8}$$

注：经过上面的讨论可以得到，在一定的条件下，x^* 是变分不等式问题(2.1)的解当且仅当 x^* 满足关系式(2.4)～式(2.8)。当映射 g 是凸且可微的，关系式(2.4)～式(2.8)是等价的。

2.3 增广拉格朗日方法

经过 2.2 节的讨论，本节采用优化问题(2.3)的增广拉格朗日函数来构造算法求解具有约束条件的变分不等式问题(2.1)。构造算法如下：

选取原始问题的初始点 $x^1 \in \Omega$ 和拉格朗日乘子的初始点 $u^1 \in \mathbf{R}_+^m$。若已知第 k 步迭代点为 $x^k \in \Omega$ 和 $u^k \in \mathbf{R}_+^m$，则第 $k+1$ 步迭代点 x^{k+1} 与 u^{k+1} 通过下式计算：

$$\begin{cases} x^{k+1} \in \arg\min\left\{\dfrac{1}{2}\| y - x^k\|^2 + \alpha M(x^{k+1}, y, u^k) \mid y \in \Omega\right\} \\ u^{k+1} = \Pi_+ (u^k + \alpha g(x^{k+1}))\end{cases} \tag{2.9}$$

其中

$$M(x, y, u) = \langle F(x), y-x\rangle + \frac{1}{2\alpha}\| \Pi_+ (u+\alpha g(y))\|^2 - \frac{1}{2\alpha}\| u\|^2 \tag{2.10}$$

是优化问题(2.3)的增广拉格朗日函数，其中 α 是一个大于 0 的参数。

经过计算，系统(2.9)可以等价地表示成下面的变分不等式系统

$$\langle x^{k+1} - x^k + \alpha(F(x^{k+1}) + \mathrm{J}g(x^{k+1})^{\mathrm{T}}\Pi_+ (u^k + \alpha g(x^{k+1}))), y - x^{k+1}\rangle \geqslant 0, \quad \forall y \in \Omega \tag{2.11}$$

和

$$\langle u^{k+1} - u^k - \alpha g(x^{k+1}), u - u^{k+1}\rangle \geqslant 0, \quad \forall u \geqslant 0 \tag{2.12}$$

下面证明算法(2.9)的收敛性。

定理 2.1 设具有约束条件的变分不等式问题(2.1)的解集 Ω^* 是非空的，$F: \mathbf{R}^n \to \mathbf{R}^n$ 是单调映射，$g: \mathbf{R}^n \to \mathbf{R}^m$ 是凸且可微的映射。约束集合 Ω 是欧式空间 $\mathbf{R}^n$ 的非空闭凸子集及 $\alpha > 0$。则由增广拉格朗日方法(2.9)得到的序列 $\{x^k\}$ 的聚点是具有约束条件的变分不等式问题(2.1)的解。

证明： 在式(2.11)中，令 $y = x^* \in \Omega^*$，并应用系统(2.9)中的第二式，可以得到

$$\langle x^{k+1} - x^k + \alpha(F(x^{k+1}) + \mathrm{J}g(x^{k+1})^{\mathrm{T}} u^{k+1}), x^* - x^{k+1}\rangle \geqslant 0$$

由上式可得

$$\langle x^{k+1} - x^k, x^* - x^{k+1}\rangle + \alpha\langle F(x^{k+1}), x^* - x^{k+1}\rangle + \alpha\langle \mathrm{J}g(x^{k+1})^{\mathrm{T}} u^{k+1}, x^* - x^{k+1}\rangle \geqslant 0 \tag{2.13}$$

由于$g(y)$是凸映射，则式(2.13)的最后一项可如下计算：

$$\langle Jg(x^{k+1})^{\mathrm{T}}u^{k+1}, x^* - x^{k+1}\rangle = \langle u^{k+1}, Jg(x^{k+1})(x^* - x^{k+1})\rangle$$
$$\leqslant \langle u^{k+1}, g(x^*) - g(x^{k+1})\rangle \tag{2.14}$$

将不等式(2.14)代入到不等式(2.13)有

$$\langle x^{k+1} - x^k, x^* - x^{k+1}\rangle + \alpha\langle F(x^{k+1}), x^* - x^{k+1}\rangle + \alpha\langle u^{k+1}, g(x^*) - g(x^{k+1})\rangle \geqslant 0 \tag{2.15}$$

在不等式系统(2.8)的第一式中令$y = x^{k+1}$得

$$\langle F(x^*), x^{k+1} - x^*\rangle + \langle u^*, g(x^{k+1}) - g(x^*)\rangle \geqslant 0 \tag{2.16}$$

将不等式(2.15)与式(2.16)相加可得

$$\langle x^{k+1} - x^k, x^* - x^{k+1}\rangle + \alpha\langle F(x^{k+1}) - F(x^*), x^* - x^{k+1}\rangle +$$
$$\alpha\langle u^{k+1} - u^*, g(x^*) - g(x^{k+1})\rangle \geqslant 0 \tag{2.17}$$

在式(2.12)中，令$u = u^*$，由于$\langle u^{k+1}, g(x^*)\rangle \leqslant 0$与$\langle u^*, g(x^*)\rangle = 0$，则由变分不等式(2.12)可得

$$\langle u^{k+1} - u^k, u^* - u^{k+1}\rangle - \alpha\langle g(x^{k+1}) - g(x^*), u^* - u^{k+1}\rangle \geqslant 0 \tag{2.18}$$

将不等式(2.17)和式(2.18)相加，又因为$F(x)$是单调映射，故通过计算可得

$$\langle x^{k+1} - x^k, x^* - x^{k+1}\rangle + \langle u^{k+1} - u^k, u^* - u^{k+1}\rangle \geqslant 0 \tag{2.19}$$

根据内积与范数的关系，对任意$x_1, x_2, x_3 \in \mathbf{R}^n$有

$$\| x_1 - x_3 \|^2 = \| x_1 - x_2 \|^2 + 2\langle x_1 - x_2, x_2 - x_3\rangle + \| x_2 - x_3 \|^2$$

即

$$\langle x_1 - x_2, x_2 - x_3\rangle = \frac{1}{2}\| x_1 - x_3 \|^2 - \frac{1}{2}\left(\| x_1 - x_2 \|^2 + \| x_2 - x_3 \|^2\right) \tag{2.20}$$

根据式(2.20)，对式(2.19)计算得

$$\| x^{k+1} - x^k \|^2 + \| x^* - x^{k+1} \|^2 + \| u^{k+1} - u^k \|^2 + \| u^* - u^{k+1} \|^2 \leqslant$$
$$\| x^* - x^k \|^2 + \| u^* - u^k \|^2 \tag{2.21}$$

将不等式(2.21)的两边从$k=0$到$k=N$依次相加得

$$\sum_{k=0}^{N} \| x^{k+1} - x^k \|^2 + \sum_{k=0}^{N} \| u^{k+1} - u^k \|^2 + \| x^{N+1} - x^* \|^2 + \| u^{N+1} - u^* \|^2 \leqslant$$
$$\| x^0 - x^* \|^2 + \| u^0 - u^* \|^2 \tag{2.22}$$

则由式(2.22)有

$$\| x^{N+1} - x^* \|^2 + \| u^{N+1} - u^* \|^2 \leqslant \| x^0 - x^* \|^2 + \| u^0 - u^* \|^2 \tag{2.23}$$

与

$$\sum_{k=0}^{\infty} \| x^{k+1} - x^k \|^2 < \infty, \quad \sum_{k=0}^{\infty} \| u^{k+1} - u^k \|^2 < \infty \tag{2.24}$$

成立。

不等式(2.23)说明序列$\{x^k\}$$(k=1,2,\cdots)$与$\{u^k\}$$(k=1,2,\cdots)$是有界的。因此存在$x'$与$u'$及子列$\{x_{k_i}\}$与$\{u_{k_i}\}$使得$x^{k_i}\to x'$,$i\to\infty$与$u^{k_i}\to u'$,$i\to\infty$。再由式(2.24)有$\|x^{k+1}-x^k\|^2\to 0$,$k\to\infty$与$\|u^{k+1}-u^k\|^2\to 0$,$k\to\infty$,从而有$\|x^{k_i+1}-x^{k_i}\|^2\to 0$,$i\to\infty$与$\|u^{k_i+1}-u^{k_i}\|^2\to 0$,$i\to\infty$。

在变分不等式系统(2.11)与式(2.12)中取$k=k_i$,并且令$i\to\infty$,则可得

$$\begin{cases}\langle F(x')+\mathrm{J}g(x')^{\mathrm{T}}u', y-x'\rangle\geqslant 0, & \forall y\in\Omega\\ \langle -g(x'), u-u'\rangle\geqslant 0, & \forall u\in\mathbf{R}_+^m\end{cases}$$

上式与式(2.6)的表达式完全一致,从而可以得到$x'\in\Omega^*$与$u'\in\mathbf{R}_+^m$满足:

$$\begin{cases}x'\in\arg\min\{\langle F(x'), y-x'\rangle+\langle u', g(y)\rangle \mid y\in\Omega\}\\ u'\in\arg\max\{\langle u, g(x')\rangle \mid u\in\mathbf{R}_+^m\}\end{cases}$$

因此,序列$\{x^k\}$的聚点是变分不等式(2.1)的解。证毕。

值得注意的是,在理论上算法(2.9)可以得到很好的全局收敛性。但是在具体的计算中,算法(2.9)中求解x^{k+1}的迭代过程是隐式的,如何求解这样的隐式方程是一个不容易解决的问题。可以发现在式(2.2)中当$\Omega=\mathbf{R}^n$时,即变分不等式问题(2.1)的约束条件K的表达式如下:

$$K=\{x\in\mathbf{R}^n \mid g(x)\leqslant 0\} \tag{2.25}$$

这时算法(2.9)中求x^{k+1}的迭代过程变得容易解决,而且具有约束条件(2.25)的变分不等式问题(2.1)也是 Facchinei 和 Pang 研究的问题。

当$\Omega=\mathbf{R}^n$时,若已知第k步迭代点为$x^k\in\Omega$和$u^k\in\mathbf{R}_+^m$,则第$k+1$步迭代点x^{k+1}和u^{k+1}通过下式计算:

$$\begin{cases}G^k(x^{k+1})=0\\ u^{k+1}=\Pi_+(u^k+\alpha g(x^{k+1}))\end{cases} \tag{2.26}$$

其中$\alpha>0$及

$$G^k(x)=x-x^k+\alpha F(x)+\alpha\mathrm{J}g(x)^{\mathrm{T}}\Pi_+(u^k+\alpha g(x))$$

由于投影算子Π_+是半光滑的,因此$G^k(\cdot)$也是半光滑的。如果$\partial G^k(x^{k+1})$中的任意一个元素都是非奇异的,且x^k充分地接近于x^{k+1},则可以运用非精确的半光滑牛顿法求解该等式方程。非精确的半光滑牛顿法求解步骤如下:

① 令$\xi^0=x^k$,选取非负参数列$\{\eta_j\}$及$j=0$。

② 若$G^k(\xi^j)=0$,停止;否则,令$x^{k+1}=\xi^j$。

③ 选取$H^j\in\partial G^k(\xi^j)$。计算搜索方向$d^j\in\mathbf{R}^n$满足:

$$G^k(\xi^j)+H^jd=\boldsymbol{r}^j$$

其中,$\boldsymbol{r}^j\in\mathbf{R}^n$是一个向量,满足$\|\boldsymbol{r}^j\|\leqslant\eta_j\|G^k(\xi^j)\|$。

④ 令$\xi^{j+1}=\xi^j+d^j$及$j=j+1$,转到步骤②。

注：事实上，步骤②的停止准则 $G^k(\xi^j)=0$ 通常由 $G^k(\xi^j)\leqslant\varepsilon_0$ 来计算，其中 $\varepsilon_0>0$ 是精度。

非精确的半光滑牛顿法的收敛性已经被 Facchinei 和 Pang 讨论过，这里不再重述。

2.4 数值实验

本节将求解四个具有约束条件(2.25)的变分不等式问题。在非精确的半光滑牛顿法中，终止准则如下：

$$\| G^k(\xi^j) \| \leqslant \varepsilon_0$$

本节选取 $\varepsilon_0=10^{-9}$。

经过计算，增广拉格朗日方法式(2.26)的终止准则如下：

$$s_k := \| F(x^k) + \mathrm{J}g(x^k)^{\mathrm{T}} u^k \| \leqslant \varepsilon_1 \tag{2.27}$$

本节选取 $\varepsilon_1=10^{-7}$。

下面的数值算例是通过软件 MATLAB 7.8 编程计算的，计算机的配置是 3.06 GHz CPU 和 512 MB 内存。

例 2.1 考虑下面的具有约束条件的变分不等式问题：

$$\langle F(x^*), y-x^* \rangle \geqslant 0, \quad \forall y \in K$$

其中，$K=\{x\in \mathbf{R}^n \mid g(x)\leqslant 0\}$，$F(x)=\begin{pmatrix} x_1+\mathrm{e}^{x_1} \\ \vdots \\ x_n+\mathrm{e}^{x_n} \end{pmatrix}$是一单调映射，$g(y)=\langle \boldsymbol{A}y, y\rangle$，且 $\boldsymbol{A}$ 是 $n\times n$ 对称矩阵。

在此例中，选取 $\alpha=0.9$ 及 $\eta^j=\dfrac{1}{5^j}(j=0,1,2,\cdots)$，在非精确的半光滑牛顿法中，第 j 次的广义 Jacobian H^j 的表达式如下：

$$H^j=\boldsymbol{I}_n+\alpha\,\mathrm{diag}_{1\leqslant i\leqslant n}[1+\mathrm{e}^{\xi_i^j}]+2\alpha\max\{0, u^k+\alpha(\xi^j)^{\mathrm{T}}A\xi^j\}A+2\alpha\,\mathrm{diag}_{1\leqslant i\leqslant n}[\xi_i^j\beta_i^j]$$

其中，$\boldsymbol{I}_n$ 表示 $\mathbf{R}^{n\times n}$ 空间中的单位阵及

$$\beta_i^j=\begin{cases} 0, & u^k+\alpha(\xi^j)^{\mathrm{T}}A\xi^j<0 \\ 2\alpha(A\xi^j)_i, & u^k+\alpha(\xi^j)^{\mathrm{T}}A\xi^j>0 \\ 0 \text{ 或 } 2\alpha(A\xi^j)_i, & u^k+\alpha(\xi^j)^{\mathrm{T}}A\xi^j=0 \end{cases}$$

表 2.1 给出了数值计算结果，其中 n 表示算例中变量的维数，k 表示迭代次数，“Cputime”表示增广拉格朗日方法式(2.26)满足终止准则式(2.27)的 CPU 计算时间，其单位是秒(s)。

表 2.1　例 2.1 的数值计算结果

n	k	Cputime/s	s_k	ε_0	ε_1
200	22	5.593 750e+000	4.781 208e−008	10^{-9}	10^{-7}
300	22	3.670 313e+001	5.790 947e−008	10^{-9}	10^{-7}
400	22	8.065 625e+001	6.686 809e−008	10^{-9}	10^{-7}
600	22	3.328 906e+002	8.189 635e−008	10^{-9}	10^{-7}
800	22	7.884 531e+002	9.455 724e−008	10^{-9}	10^{-7}

例 2.2　考虑下面的具有约束条件的变分不等式问题：

$$\langle \boldsymbol{M}x^* + \frac{1}{2}x^*, y - x^* \rangle \geqslant 0, \quad \forall y \in K$$

其中，$K=\{x\in \mathbf{R}^n \mid g(x)\leqslant 0\}$，$\boldsymbol{M}$ 是 $n\times n$ 正半定矩阵，$g(y)=y\circ y$，“$\circ$”表示若当积。

在此例的计算过程中，选取 $\alpha=0.5$ 及 $\eta^j=\frac{1}{2^j}(j=0,1,2,\cdots)$。在非精确的半光滑牛顿法中，第 j 次的广义 Jacobian H^j 的表达式如下：

$$H^j = \boldsymbol{I}_n + \alpha\left(\boldsymbol{M}+\frac{1}{2}\boldsymbol{I}_n\right)+$$

$$2\alpha\begin{pmatrix} b_1^j+\sum_{i=1}^{n}\xi_i^j\beta_{i1}^j & \xi_1^j\beta_{12}^j+b_2^j+\xi_2^j\beta_{22}^j & \cdots & \xi_1^j\beta_{1n}^j+b_n^j+\xi_n^j\beta_{nn}^j \\ \xi_2^j\beta_{11}^j+b_2^j+\xi_1^j\beta_{21}^j & \xi_2^j\beta_{12}^j+b_1^j+\xi_1^j\beta_{22}^j & \cdots & \xi_2^j\beta_{1n}^j \\ \vdots & \vdots & & \vdots \\ \xi_n^j\beta_{11}^j+b_n^j+\xi_1^j\beta_{n1}^j & \xi_n^j\beta_{12}^j & \cdots & \xi_n^j\beta_{1n}^j+b_1^j+\xi_1^j\beta_{nn}^j \end{pmatrix}$$

其中 $\boldsymbol{I}_n$ 表示 $\mathbf{R}^{n\times n}$ 空间中的单位阵，

$$b^j=\begin{bmatrix} \max\{0,u_1^k+\alpha\|\xi^j\|^2\} \\ \max\{0,u_2^k+2\alpha\xi_1^j\xi_2^j\} \\ \vdots \\ \max\{0,u_n^k+2\alpha\xi_1^j\xi_n^j\} \end{bmatrix}$$

及 β_{li} 定义如下：

$$\beta_{1i}^j=\begin{cases}0, & b_1^j<0 \\ 2\alpha\xi_i^j, & b_1^j>0, \\ 0\text{ 或 }2\alpha\xi_i^j, & b_1^j=0\end{cases}\quad \beta_{l1}^j=\begin{cases}0, & b_i^j<0 \\ 2\alpha\xi_i^j, & b_i^j>0, \\ 0\text{ 或 }2\alpha\xi_i^j, & b_i^j=0\end{cases}\quad \beta_{ii}^j=\begin{cases}0, & b_i^j<0 \\ 2\alpha\xi_1^j, & b_i^j>0 \\ 0\text{ 或 }2\alpha\xi_1^j, & b_i^j=0\end{cases}$$

其中，$i=1,2,\cdots,n$，$\beta_{li}=0(i\neq 1,l\neq 1$ 及 $i\neq l)$。

表 2.2 中给出了例 2.2 的数值计算结果，其中 n 表示算例中变量的维数，k 表

示迭代次数,“Cputime” 表示增广拉格朗日方法式(2.26)满足终止准则式(2.27)的CPU 计算时间，其单位是秒(s)。

表 2.2 例 2.2 的数值计算结果

n	k	Cputime/s	s_k	ε_0	ε_1
600	23	2.067 188e+001	9.297 255e−008	10^{-9}	10^{-7}
800	24	4.350 000e+001	5.777 594e−008	10^{-9}	10^{-7}
1 200	24	1.232 813e+002	6.465 429e−008	10^{-9}	10^{-7}
1 600	24	2.583 125e+002	6.828 311e−008	10^{-9}	10^{-7}
2 000	24	4.667 188e+002	7.250 576e−008	10^{-9}	10^{-7}

例 2.3 考虑下面的具有约束条件的变分不等式问题：

$$\langle \boldsymbol{A}x^* + \boldsymbol{b}, y - x^* \rangle \geqslant 0, \quad \forall y \in K$$

其中,$K=\{x\in \mathbf{R}^n \mid g(x)\leqslant 0\}$,$g(y)=\begin{pmatrix} y_1 e^{y_1} \\ \vdots \\ y_n e^{y_n} \end{pmatrix}$,$\boldsymbol{A}$ 是 $n\times n$ 正半定矩阵,$\boldsymbol{b}$ 是任意的 n 维向量。

在此例中,选取 $\alpha=0.7$ 及 $\eta^j=\dfrac{1}{3^j}(j=0,1,2,\cdots)$。在非精确的半光滑牛顿法中,第 j 次的广义 Jacobian H^j 的表达式如下：

$$H^j=\boldsymbol{I}_n+\alpha\boldsymbol{A}+\alpha\,\mathrm{diag}_{1\leqslant i\leqslant n}\left[\max\{0,u_i^k+\alpha\xi_i^j e^{\xi_i^j}\}(2+\xi_i^j)e^{\xi_i^j}+(1+\xi_i^j)e^{\xi_i^j}\beta_i^j\right]$$

其中,$\boldsymbol{I}_n$ 表示 $\mathbf{R}^{n\times n}$ 空间中的单位阵及

$$\beta_i^j=\begin{cases} 0, & u_i^k+2\alpha\xi_i^j e^{\xi_i^j}<0 \\ \alpha(1+\xi_i^j)e^{\xi_i^j}, & u_i^k+\alpha\xi_i^j e^{\xi_i^j}>0 \\ 0\ \text{或}\ \alpha(1+\xi_i^j)e^{\xi_i^j}, & u_i^k+2\alpha\xi_i^j e^{\xi_i^j}=0 \end{cases}$$

表 2.3 给出了例 2.3 的数值计算结果,其中 n 表示算例中变量的维数,k 表示迭代次数,“Cputime” 表示增广拉格朗日方法式(2.26)满足终止准则式(2.27)时的CPU 计算时间,其单位是秒(s)。

表 2.3 例 2.3 的数值计算结果

n	k	Cputime/s	s_k	ε_0	ε_1
600	17	1.257 813e+001	8.982 649e−008	10^{-9}	10^{-7}
800	17	2.600 000e+001	9.982 733e−008	10^{-9}	10^{-7}
1 200	18	7.721 875e+001	7.386 389e−008	10^{-9}	10^{-7}
1 600	18	1.737 500e+002	8.248 434e−008	10^{-9}	10^{-7}
2 000	18	3.294 844e+002	9.389 726e−008	10^{-9}	10^{-7}

例 2.4　考虑下面两个生物种群在演化过程中的博弈模型：

$$y_1^* \in \arg\min\{f_1(x_1,y_2^*) \mid g_1(x_1,y_2^*) \leqslant 0, x_1 \in \mathbf{R}_+^n\}$$

$$y_2^* \in \arg\min\{f_2(y_1^*,x_2) \mid g_2(y_1^*,x_2) \leqslant 0, x_2 \in \mathbf{R}_+^n\}$$

上述问题是文献[78]所提出的。为了实现数值计算，选取文献[99]提出的函数如下：

$$f_1(x_1,y_2)=x_1(x_1+y_2-a),\quad g_1(x_1,y_2)=x_1\mathrm{e}^{y_2}$$

$$f_2(y_1,x_2)=x_2(-y_1+x_2-a),\ g_2(y_1,x_2)=y_1\mathrm{e}^{x_2}$$

令 $v=(y_1,y_2)^{\mathrm{T}}$，$w=(x_1,x_2)^{\mathrm{T}}$，$\Phi(v,w)=f_1(x_1,y_2)+f_2(y_1,x_2)$ 以及 $g(v,w)=g_1(x_1,y_2)+g_2(y_1,x_2)$。则通过计算，上述的生物种群在演化过程中的博弈问题可以转化为下面的变分不等式问题：

$$\langle \nabla_w \Phi(v^*,v^*), w-v^* \rangle \geqslant 0,\quad g(v^*,w) \leqslant 0$$

在此例中，选取 $a=2$，$\alpha=0.5$ 及 $\eta^j=\dfrac{1}{3^j}(j=0,1,2,\cdots)$。在非精确的半光滑牛顿法中，第 j 次的广义 Jacobian H^j 的表达式如下：

$$H^j=\boldsymbol{I}_n+\alpha\boldsymbol{A}+\alpha\max\{0,u^k+2\alpha\xi_1^j\mathrm{e}^{\xi_2^j}\}\boldsymbol{B}+(\mathrm{e}^{\xi_2^j},\xi_1^j\mathrm{e}^{\xi_2^j})^{\mathrm{T}}\boldsymbol{D}$$

其中，$\boldsymbol{I}_n$ 表示 $\mathbf{R}^{2\times 2}$ 空间中的单位矩阵及 $\boldsymbol{A}=\begin{pmatrix}2 & -1\\ 1 & 2\end{pmatrix}$，$\boldsymbol{B}=\begin{pmatrix}0 & \mathrm{e}^{\xi_2^j}\\ \mathrm{e}^{\xi_2^j} & \xi_1^j\mathrm{e}^{\xi_2^j}\end{pmatrix}$，

$\boldsymbol{D}=(D_1,D_2)$

$$D_1=\begin{cases}0, & u^k+2\alpha\xi_1^j\mathrm{e}^{\xi_2^j}<0\\ 2\alpha\mathrm{e}^{\xi_2^j}, & u^k+2\alpha\xi_1^j\mathrm{e}^{\xi_2^j}>0\\ 0\text{ 或 }2\alpha\mathrm{e}^{\xi_2^j}, & u^k+2\alpha\xi_1^j\mathrm{e}^{\xi_2^j}=0\end{cases},\quad D_2=\begin{cases}0, & u^k+2\alpha\xi_1^j\mathrm{e}^{\xi_2^j}<0\\ 2\alpha\xi_1^j\mathrm{e}^{\xi_2^j}, & u^k+2\alpha\xi_1^j\mathrm{e}^{\xi_2^j}>0\\ 0\text{ 或 }2\alpha\xi_1^j\mathrm{e}^{\xi_2^j}, & u^k+2\alpha\xi_1^j\mathrm{e}^{\xi_2^j}=0\end{cases}$$

表 2.4 给出了例 2.4 的数值计算结果，其中 k 表示迭代次数，“Cputime”表示增广拉格朗日方法式(2.26)满足终止准则式(2.27)时的 CPU 计算时间，其单位是秒(s)。

表 2.4　例 2.4 的数值计算结果

v_0	u_0	k	Cputime/s	s_k	ε_0	ε_1
$(0,0)^{\mathrm{T}}$	1	25	7.000 000e−002	5.362 034e−008	10^{-9}	10^{-7}

2.5　本章小结

本章运用增广拉格朗日方法求解了具有约束条件(2.2)的变分不等式问题，并在

理论上证明了增广拉格朗日方法的全局收敛性。更进一步,当约束条件中 $\Omega=\mathbf{R}^n$ 时,即约束条件(2.2)转化为约束条件(2.25),增广拉格朗日方法是可行的。本章最后运用增广拉格朗日方法求解了具有约束条件(2.25)的变分不等式问题的四个算例,其中包括两个生物种群在演化过程中的博弈模型。

增广拉格朗日方法的运用丰富了对于具有约束条件(2.25)的变分不等式问题的求解方法,是对 Facchinei 和 Pang 的变分不等式数值方法的补充。同时,运用增广拉格朗日方法求解其他类型的变分不等式问题是值得继续研究的课题。

第3章 具有双约束条件的不动点问题的可行增广拉格朗日方法

本章运用鞍点定理和斜对称函数与对称函数的性质将具有双约束条件的不动点问题转化成变分不等式，建立增广拉格朗日方法，并证明了该方法的全局收敛性。侧重研究了当约束集合 $\Omega=\mathbf{R}^n$ 时的一类子问题，此时增广拉格朗日方法中的内层迭代方程是半光滑方程，可以运用非精确的半光滑牛顿法求解这些方程。最后，给出了内层迭代方程用非精确的半光滑牛顿法求解的增广拉格朗日方法计算几个具有双约束条件的不动点问题的数值结果。

3.1 引 言

具有双约束条件的极值映射的不动点问题是指：求解 $x^*\in\Omega$ 满足

$$x^*\in\arg\min\{\Phi(x^*,y)\mid g(x^*,y)\leqslant 0,y\in\Omega\}\tag{3.1}$$

其中，$\Phi:\mathbf{R}^n\times\mathbf{R}^n\to\mathbf{R}$，$g:\mathbf{R}^n\times\mathbf{R}^n\to\mathbf{R}^m$ 是两个映射，$\Omega\subseteq\mathbf{R}^n$ 是非空闭凸集合。假设 $\Phi(x,y)$ 及向量值函数 $g(x,y)$ 的每个分量函数都满足对于任意 $x\in\Omega$ 在 $y\in\Omega$ 处是凸的。假设极值映射 $y(x)\in\arg\min\{\Phi(x,y)\mid g(x,y)\leqslant 0,y\in\Omega\}$ 对任意 $x\in\Omega$ 都是定义好的，且原始问题的解集 $\Omega^*=\{x^*\in\Omega\mid x^*\in y(x^*)\}\subset\Omega$ 是非空的。而且根据文献[70]可知，解集 Ω^* 是非空的，可以根据 $\Phi(x,y)$ 的连续性以及 $\Phi(x,y)$ 对任意 $x\in\Omega$ 在 $y\in\Omega$ 处是凸的性质来得到。

具有双约束条件的问题产生于许多的数学领域，如经济均衡模型（见文献[71]）、n 人博弈问题（见文献[72]）、均衡优化问题以及多层优化问题（见文献[73]）。

下面给出具有双约束条件的不动点问题和变分不等式问题的例子。

① 双约束二人博弈模型。

$$\begin{cases}x_1^*\in\arg\min\{f_1(x_1,x_2^*)\mid g_1(x_1,x_2^*)\leqslant g_1(x_1^*,x_2^*),x_1\in Q_1\}\\ x_2^*\in\arg\min\{f_2(x_1^*,x_2)\mid g_2(x_1^*,x_2)\leqslant g_2(x_1^*,x_2^*),x_2\in Q_2\}\end{cases}\tag{3.2}$$

其中，映射 $f_1,f_2,g_1,g_2:\mathbf{R}^n\times\mathbf{R}^n\to\mathbf{R}$，且 f_1,g_1 对任意第二元 x_2 在第一元 x_1 处是凸的，f_2,g_2 对任意第一元 x_1 在第二元 x_2 处是凸的。构造下述标准化映射：

$$\Phi(x,y)=f_1(x_1,y_2)+f_2(y_1,x_2),\quad G(x,y)=g_1(x_1,y_2)+g_2(y_1,x_2)$$

其中，$x=(y_1,y_2)$，$y=(x_1,x_2)$，$(x,y)\in\Omega=Q_1\times Q_2$。问题(3.2)可表述如下：求解 $x^*\in\Omega$，满足

$$x^*\in\arg\min\{\Phi(x^*,y)\mid G(x^*,y)-G(x^*,x^*)\leqslant 0,y\in\Omega\}\tag{3.3}$$

若目标函数 Φ 关于第二元 y 可微，则问题(3.3)可转化为下述具有双约束条件的变分不等式：

$$\langle \nabla_y \Phi(x^*,x^*), y-x^* \rangle \geqslant 0,\quad \forall y \in \Omega,\quad G(x^*,y) \leqslant G(x^*,x^*)$$

其中，$\nabla_y \Phi(x,x)=\nabla_y \Phi(x,y)\big|_{x=y}$。

② 拟变分不等式问题。

考虑下述双线性二人博弈问题：

$$\begin{cases} x_1^* \in \arg\min\{\langle \mathbf{A}_1 x_1, x_2^* \rangle + \langle l_1, x_1 \rangle \mid x_1 \in K_1(x^*)\} \\ x_2^* \in \arg\min\{\langle x_1^*, \mathbf{A}_2 x_2 \rangle + \langle l_2, x_2 \rangle \mid x_2 \in K_2(x^*)\} \end{cases} \tag{3.4}$$

其中，$x^*=(x_1^*,x_2^*)$，$K\in Q_1\times Q_2\in \mathbf{R}^n\times\mathbf{R}^n$ 为闭凸集合。对于任意定点 $\bar{x}=(\bar{x}_1,\bar{x}_2)\in K$，构造集合 $K_1(\bar{x})=\{x_1\in\mathbf{R}^n \mid (x_1,\bar{x}_2)\in K\}$ 与 $K_2(\bar{x})=\{x_2\in\mathbf{R}^n \mid (\bar{x}_1,x_2)\in K\}$。令向量 $\boldsymbol{l}=(l_1,l_2)$，矩阵 $\mathbf{A}^{\mathrm{T}}$ 的元素为 $a_{11}=0$，$a_{12}=\mathbf{A}_1^{\mathrm{T}}$，$a_{21}=\mathbf{A}_2^{\mathrm{T}}$，$a_{22}=0$，则问题(3.4)可转化为下述具有双约束条件的变分不等式：

$$\langle \mathbf{A}^{\mathrm{T}} x^*, x-x^* \rangle + \langle \boldsymbol{l}, x-x^* \rangle \geqslant 0,\quad \forall x \in K(x^*) \tag{3.5}$$

其中，$K(x^*)=K_1(x^*)\times K_2(x^*)$。

当 $\mathbf{A}_1^{\mathrm{T}}$，$\mathbf{A}_2^{\mathrm{T}}$ 是矩阵微分算子时，$K\in Q_1\times Q_2\subseteq H^1\times H^2$。当 H^1，H^2 是 Hilbert 空间时，式(3.5)被称为拟变分不等式问题。值得注意的是，当问题(3.2)中的约束条件满足关系 $g_1(x_1,x_2)=g(x_1,x_2)$ 时，问题(3.2)也可转化成问题(3.4)的表述形式。

双约束条件的不动点问题(3.1)在文献[74]中已经被研究过，而且该文献讨论了对称函数与斜对称函数的性质，提出了可微的反馈控制梯度方法并且证明了该方法的全局收敛性。但是，文献[74]只给出了理论结果，却没能给出数值算例。

本章继续运用增广拉格朗日方法求解问题(3.1)。在一定条件下，将具有双约束条件的不动点问题(3.1)进行等价变换，得到广义鞍点问题和变分不等式问题等，运用广义鞍点问题的增广拉格朗日函数构造数值算法，并证明了算法的全局收敛性。与运用增广拉格朗日方法求解约束优化问题时求解一系列无约束优化的子问题相类似，本章也运用增广拉格朗日方法求解了极值映射不动点式(3.1)的一类子问题。由于在增广拉格朗日方法中应用了投影算子，而投影算子是半光滑的，因此运用半光滑牛顿法求解了增广拉格朗日方法中的投影算子方程。最后，进行了数值实验说明增广拉格朗日方法求解具有双约束条件的不动点问题的子问题的可行性和有效性。

本章的结构可概括如下：3.2 节中，运用斜对称函数的定义和性质对具有双约束条件的不动点问题(3.1)进行等价变换，可以得到变分不等式的形式和广义鞍点的形式，这些等价变换形式为运用增广拉格朗日方法提供了基础。3.3 节中，构造具有双约束条件的不动点问题(3.1)的增广拉格朗日方法，并证明其全局收敛性，侧重研究了具有双约束条件的不动点问题(3.1)的一类子问题，该子问题的增广拉格朗日方法是可行的。3.4 节中，给出了数值实验说明增广拉格朗日方法对于求解问题(3.1)的一类子问题是可行和有效的。

3.2　最优解的鞍点问题

本节，在目标函数 $\Phi(x,y)$ 是斜对称的条件下，可将问题(3.1)转化为广义鞍点问题。具体过程如下：

如果 x^* 是问题(3.1)的解，则有

$$\Phi(x^*,x^*)\leqslant\Phi(x^*,y),\ g(x^*,y)\leqslant 0,\quad\forall y\in\Omega \tag{3.6}$$

令 $\Psi(x,y)=\Phi(x,y)-\Phi(x,x)$，则不等式(3.6)可表示为

$$\Psi(x^*,y)\geqslant 0,\ g(x^*,y)\leqslant 0,\quad\forall y\in\Omega \tag{3.7}$$

若 $\Phi(x,y)$ 是斜对称的，则根据斜对称函数的定义1.2有

$$\Phi(y,y)-\Phi(y,x)-\Phi(x,y)+\Phi(x,x)\geqslant 0,\ \forall x\in\Omega,\quad\forall y\in\Omega$$

在上式中令 $x=x^*$ 得

$$\Phi(y,y)-\Phi(y,x^*)\geqslant\Phi(x^*,y)-\Phi(x^*,x^*),\quad\forall y\in\Omega$$

再由式(3.6)有

$$\Phi(y,y)-\Phi(y,x^*)\geqslant 0,\quad g(x^*,y)\leqslant 0,\quad\forall y\in\Omega$$

根据函数 g 是对称的，可得

$$\Phi(x,x)-\Phi(x,x^*)\geqslant 0,\quad g(x,x^*)\leqslant 0,\quad\forall x\in\Omega \tag{3.8}$$

或者

$$\Psi(x,x^*)\geqslant 0,\ g(x,x^*)\leqslant 0,\quad\forall x\in\Omega \tag{3.9}$$

比较不等式(3.7)和式(3.9)，可知 (x^*,x^*) 是函数 $\Psi(x,y)$ 在对称集合 $M=\{g(x,y)\leqslant 0\mid x,y\in\Omega\times\Omega\}$ 上的鞍点，即有

$$\Psi(x,x^*)\leqslant\Psi(x^*,x^*)\leqslant\Psi(x^*,y),g(x,x^*)\leqslant 0,g(x^*,y)\leqslant 0,\forall x,y\in\Omega \tag{3.10}$$

问题(3.10)是一个广义鞍点问题，求解广义鞍点问题比求解经典鞍点问题更复杂。如果函数 $\Psi(x,y)$ 或者 $\Phi(x,y)$ 对任意 x 在 y 处都是可微的，则由式(3.6)得

$$\langle\nabla_y\Phi(x^*,x^*),y-x^*\rangle\geqslant 0,g(x^*,y)\leqslant 0,\forall y\in\Omega \tag{3.11}$$

由于 Φ 是斜对称的，在式(1.11)中令 $x=x^*$ 可得

$$\langle\nabla_y\Phi(y,y)-\nabla_y\Phi(x^*,x^*),y-x^*\rangle\geqslant 0,\quad\forall y\in\Omega$$

比较上式与式(3.7)，又因为 $g(x,y)$ 是斜对称函数，故可得

$$\langle\nabla_y\Phi(x,x),y-x^*\rangle\geqslant 0,\quad g(x,x^*)\leqslant 0,\quad\forall x\in\Omega \tag{3.12}$$

因此，如果 Φ 是可微的斜对称函数，问题(3.1)的任意解 x^* 满足式(3.11)和式(3.12)，即有下面的不等式系统：

$$\langle\nabla_y\Phi(x,x),x^*-x\rangle\leqslant\langle\nabla_y\Phi(x^*,x^*),x^*-x^*\rangle\leqslant\langle\nabla_y\Phi(x^*,x^*),y-x^*\rangle,$$
$$g(x,x^*)\leqslant 0,\quad g(x^*,y)\leqslant 0,\quad\forall x,y\in\Omega \tag{3.13}$$

则点对(x^*,x^*)是函数$\langle\nabla_y\Phi(x,x),y-x\rangle$在对称集合$M$上的鞍点，且问题(3.13)也是一个广义鞍点问题。

问题(3.13)的拉格朗日函数如下：

$$L(x,y,p)=\langle\nabla_y\Phi(x,x),y-x\rangle+\langle p,g(x,y)\rangle \tag{3.14}$$

其中，$p\in\mathbf{R}^m_+$是拉格朗日乘子。

如果可行集$\{y\mid g(x^*,y)\leqslant 0,y\in\Omega\}$在$y=x^*$处满足正则条件，如 Slater 条件成立，则不等式(3.13)中的第一个不等式是关于y的凸优化问题，其拉格朗日函数是$L(x^*,y,p)$，满足存在某$p^*\in\mathbf{R}^m_+$有下面的鞍点不等式：

$$L(x^*,x^*,p)\leqslant L(x^*,x^*,p^*)\leqslant L(x^*,y,p^*),\quad \forall y\in\Omega,\quad \forall p\in\mathbf{R}^m_+ \tag{3.15}$$

且问题(3.15)也是一个广义鞍点问题。

鞍点不等式(3.15)可等价地表示成下面的形式：

$$\begin{cases}x^*\in\arg\min\{\langle\nabla_y\Phi(x^*,x^*),y-x^*\rangle+\langle p^*,g(x^*,y)\rangle\mid y\in\Omega\}\\ p^*\in\arg\max\{\langle p^*,g(x^*,x^*)\rangle\mid p\geqslant 0\}\end{cases} \tag{3.16}$$

如果$g(x,y)$对任意x在y处都是可微的，经过计算，不等式(3.16)可以表示成下面的变分不等式：

$$\begin{cases}\langle\nabla_y\Phi(x^*,x^*)+\nabla_y^{\mathrm{T}}g(x^*,x^*)p^*,y-x^*\rangle\geqslant 0, & \forall y\in\Omega\\ \langle p-p^*,-g(x^*,x^*)\rangle\geqslant 0, & \forall p\in\mathbf{R}^m_+\end{cases} \tag{3.17}$$

再根据投影算子的定义及引理 1.1，上面的变分不等式可以转化为下面的方程：

$$\begin{cases}x^*=\Pi_\Omega(x^*-\alpha(\nabla_y\Phi(x^*,x^*)+\nabla_y^{\mathrm{T}}g(x^*,x^*)p^*))\\ p^*=\Pi_+(p^*+\alpha g(x^*,x^*))\end{cases} \tag{3.18}$$

其中$\Pi_\Omega(\cdot)$和$\Pi_+(\cdot)$分别是到Ω和正卦限$\mathbf{R}^m_+$上的投影算子，$\alpha>0$是一参数。

根据式(1.7)和向量函数$g(x,x)$的分量函数的凸性，可将不等式系统(3.17)中第一个不等式的不等号的左边表示为

$$\begin{aligned}\langle\nabla_y^{\mathrm{T}}g(x^*,x^*)p^*,y-x^*\rangle&=\frac{1}{2}\langle p^*,\nabla g(x^*,x^*)(y-x^*)\rangle\\ &\leqslant\frac{1}{2}\langle p^*,g(y,y)-g(x^*,x^*)\rangle\end{aligned}$$

因此，变分不等式系统(3.17)中第一个不等式可以转化成下面的形式：

$$\langle\nabla_y\Phi(x^*,x^*),y-x^*\rangle+\frac{1}{2}\langle p^*,g(y,y)-g(x^*,x^*)\rangle\geqslant 0,\quad \forall y\in\Omega \tag{3.19}$$

注：经过上面的讨论可以得到，在一定条件下，x^*是极值映射不动点问题(3.1)的解当且仅当x^*满足关系式(3.15)～式(3.18)。因此要求解双约束条件的不动点问题(3.1)，可以通过求解广义鞍点问题(3.15)。3.3 节，将求解广义鞍点问

题(3.15)以得到原问题的解。

3.3 增广拉格朗日方法

令 $M(x,y,p)$ 是广义鞍点问题(3.15)的增广拉格朗日函数，即

$$M(x,y,p)=\langle \nabla_y \Phi(x,x),y-x\rangle+\frac{1}{2\alpha}\|\Pi_+(p+\alpha g(x,y))\|^2-\frac{1}{2\alpha}\|p\|^2 \tag{3.20}$$

下面介绍用增广拉格朗日函数(3.20)构造的算法。

令 $x^1\in\Omega$，$p^1\in\mathbf{R}_+^m$ 分别是近似解的初始点和拉格朗日乘子的初始点。第 $k+1$ 步的迭代点对 (x^{k+1},p^{k+1}) 由第 k 步的迭代点对 $(x^k\in\Omega,p^k\in\mathbf{R}_+^m)$ 计算，具体计算表达式如下：

$$\begin{cases}x^{k+1}\in\arg\min\left\{\frac{1}{2}\|y-x^k\|+\alpha M(x^{k+1},y,p^k)\mid y\in\Omega\right\}\\ p^{k+1}=\Pi_+(p^k+\alpha g(x^{k+1},x^{k+1})),\quad \alpha>0\end{cases} \tag{3.21}$$

值得注意的是式(3.21)中的第一式在求解 x^{k+1} 时，由于该式左侧和右侧都有 x^{k+1}，即式(3.21)中的第一式是一个隐式方程。在实际问题的运用中，求解这样的隐式方程很重要。

经过计算，式(3.21)可等价地表示成下面的变分不等式：

$$\langle x^{k+1}-x^k+\alpha(\nabla_y\Phi(u^{k+1})+\nabla_y g(u^{k+1})\Pi_+(p^k+\alpha g(u^{k+1}))),y-x^{k+1}\rangle\geqslant 0,\forall y\in\Omega \tag{3.22}$$

和

$$\langle p^{k+1}-p^k+\alpha g(u^{k+1}),p-p^{k+1}\rangle\geqslant 0,\quad \forall p\in\mathbf{R}_+^m \tag{3.23}$$

其中，u^{k+1} 表示 (x^{k+1},x^{k+1})。

下面证明算法(3.21)的收敛性。

定理 3.1　设具有双约束条件的不动点问题(3.1)的解集 Ω^* 是非空的，函数 $\Phi(x,y)$ 是斜对称的且对于任意 x 关于 y 是凸的。向量值函数 $g(x,y)$ 是对称的，且对于任意 x 关于 y 是可微的，而且函数 $g(x,y)|_{x=y}$ 在集合 $\Omega\times\Omega$ 上是凸的。$\Omega\subseteq\mathbf{R}^n$ 是非空凸闭集合，且 $\alpha>0$。由增广拉格朗日方法式(3.21)生成的序列 $\{x^k\}$ 依范数收敛于具有双约束条件的不动点问题(3.1)的解，即存在 $\bar{x}\in\Omega^*$ 满足 $x^k\to\bar{x}$，$k\to\infty$。

证明：在式(3.22)中，令 $y=x^*\in\Omega^*$，应用式(3.21)中的第二式得

$$\langle x^{k+1}-x^k+\alpha(\nabla_y\Phi(x^{k+1},x^{k+1})+\nabla_y g(x^{k+1},x^{k+1})p^{k+1}),x^*-x^{k+1}\rangle\geqslant 0$$

上式继续计算可得

$$\langle x^{k+1}-x^k,x^*-x^{k+1}\rangle+\alpha\langle\nabla_y\Phi(x^{k+1},x^{k+1}),x^*-x^{k+1}\rangle+\alpha\langle\nabla_y g(x^{k+1},x^{k+1})p^{k+1},x^*-x^{k+1}\rangle\geqslant 0 \tag{3.24}$$

根据性质 1.2 以及 $g(x,x)$ 的凸性，不等式(3.24)的最后一项可表示成

$$\langle p^{k+1},\nabla_y^{\mathrm{T}} g(x^{k+1},x^{k+1})(x^*-x^{k+1})\rangle=\frac{1}{2}\langle p^{k+1},\nabla_y^{\mathrm{T}} g(x^{k+1},x^{k+1})(x^*-x^{k+1})\rangle$$

$$\leqslant\frac{1}{2}\langle p^{k+1},g(x^*,x^*)-g(x^{k+1},x^{k+1})\rangle \tag{3.25}$$

将式(3.25)代入式(3.24)中，得

$$\langle x^{k+1}-x^k,x^*-x^{k+1}\rangle+\alpha\langle\nabla_y\Phi(x^{k+1},x^{k+1}),x^*-x^{k+1}\rangle+$$

$$\frac{\alpha}{2}\langle p^{k+1},g(x^*,x^*)-g(x^{k+1},x^{k+1})\rangle\geqslant 0 \tag{3.26}$$

在式(3.19)中令 $y=x^{k+1}$，得

$$\langle\nabla_y\Phi(x^*,x^*),x^{k+1}-x^*\rangle+\frac{1}{2}\langle p^*,g(x^{k+1},x^{k+1})-g(x^*,x^*)\rangle\geqslant 0 \tag{3.27}$$

将不等式(3.26)与式(3.27)相加，得

$$\langle x^{k+1}-x^k,x^*-x^{k+1}\rangle+\alpha\langle\nabla_y\Phi(x^{k+1},x^{k+1})-\nabla_y\Phi(x^*,x^*),x^*-x^{k+1}\rangle+$$

$$\frac{\alpha}{2}\langle p^{k+1}-p^*,g(x^*,x^*)-g(x^{k+1},x^{k+1})\rangle\geqslant 0 \tag{3.28}$$

在式(3.23)中令 $p=p^*$，由于$\langle p^{k+1},g(x^*,x^*)\rangle\leqslant 0$ 及$\langle p^*,g(x^*,x^*)\rangle=0$ 有

$$\frac{1}{2}\langle p^{k+1}-p^k,p^*-p^{k+1}\rangle-\frac{\alpha}{2}\langle g(x^{k+1},x^{k+1})-g(x^*,x^*),p^*-p^{k+1}\rangle\geqslant 0 \tag{3.29}$$

又因为$\nabla_y\Phi$ 是单调算子，由式(3.28)和式(3.29)可得

$$\langle x^{k+1}-x^k,x^*-x^{k+1}\rangle+\frac{1}{2}\langle p^{k+1}-p^k,p^*-p^{k+1}\rangle\geqslant 0 \tag{3.30}$$

对任意 $x_1,x_2,x_3\in\mathbf{R}^n$ 有

$$\|x_1-x_3\|^2=\|x_1-x_2\|^2+2\langle x_1-x_2,x_2-x_3\rangle+\|x_2-x_3\|^2$$

即

$$\langle x_1-x_2,x_2-x_3\rangle=\frac{1}{2}\|x_1-x_3\|^2-\frac{1}{2}(\|x_1-x_2\|^2+\|x_2-x_3\|^2) \tag{3.31}$$

根据式(3.31)，可对式(3.30)进行计算，得

$$\|x^{k+1}-x^k\|^2+\|x^*-x^{k+1}\|^2+\frac{1}{2}\|p^{k+1}-p^k\|^2+\frac{1}{2}\|p^*-p^{k+1}\|^2\leqslant$$

$$\|x^*-x^k\|^2+\frac{1}{2}\|p^*-p^k\|^2 \tag{3.32}$$

将不等式(3.32)不等号的左侧和右侧分别从 $k=0$ 到 $k=N$ 相加可得

$$\sum_{k=0}^{N}\|x^{k+1}-x^k\|^2+\frac{1}{2}\sum_{k=0}^{N}\|p^{k+1}-p^k\|^2+\|x^{N+1}-x^*\|^2+\frac{1}{2}\|p^{N+1}-p^*\|^2\leqslant$$
$$\|x^*-x^0\|^2+\frac{1}{2}\|p^*-p^0\|^2 \tag{3.33}$$

上面的不等式说明$\{(x^i,p^i):i=1,2,\cdots\}$是有界的，即

$$\|x^{N+1}-x^*\|^2+\frac{1}{2}\|p^{N+1}-p^*\|^2\leqslant\|x^*-x^0\|^2+\frac{1}{2}\|p^*-p^0\|^2 \tag{3.34}$$

而且也可以得到级数的收敛性：

$$\sum_{k=0}^{\infty}\|x^{k+1}-x^k\|^2<\infty,\quad \sum_{k=0}^{\infty}\|p^{k+1}-p^k\|^2<\infty$$

因此，根据级数收敛的性质得$\|x^{k+1}-x^k\|^2\to 0(k\to\infty)$与$\|p^{k+1}-p^k\|^2\to 0(k\to\infty)$。由于序列$(x^k,p^k)$是有界的，故存在$(x^k,p^k)$的子列$(x^{k_i},p^{k_i})$及$(x',p')$满足$x^{k_i}\to x'\ (i\to\infty)$与$p^{k_i}\to p'\ (i\to\infty)$以及$\|x^{k_i+1}-x^{k_i}\|^2\to 0\ (i\to\infty)$与$\|p^{k_i+1}-p^{k_i}\|^2\to 0(i\to\infty)$。

在式(3.22)和式(3.23)中取$k=k_i$，且当$i\to\infty$时取极限可得

$$\langle\nabla_y\Phi(x',x')+\nabla_y^{\mathrm{T}}g(x',x')p',y-x'\rangle\geqslant 0,\quad \forall y\in\Omega$$
$$\langle -g(x',x'),p-p'\rangle\geqslant 0,\quad \forall p\in\mathbf{R}_+^m$$

该结果与式(3.17)相一致，则有$x'\in\Omega^*$及$p'\in\mathbf{R}_+^m$满足

$$p'\in\arg\max\{\langle p,g(x',x')\rangle\mid p\geqslant 0\}$$

因此，序列(x^k,p^k)的聚点是问题的解，再由式(3.32)，序列$\|x^k-x^*\|^2+\|p^k-p^*\|^2$是单调递减的，可得聚点是唯一的，即有$x^k\to\bar{x}(k\to\infty)$及$p^k\to\bar{p}(k\to\infty)$，其中$\bar{x}:=x'=x^*,\bar{p}:=p'=p^*$。证毕。

前面已经提出，增广拉格朗日方法(3.21)中的第一式是一个隐式方程，但是其求解是非常不容易的。但是发现，双约束条件的不动点问题(3.1)中当$\Omega=\mathbf{R}^n$时，增广拉格朗日方法(3.21)可简化为下面的形式：

若已知第k步的迭代点对$(x^k\in\Omega,p^k\in\mathbf{R}_+^m)$，则第$k+1$步的迭代点对$(x^{k+1},p^{k+1})$可由下式计算：

$$\begin{cases}G^k(x^{k+1})=0\\ p^{k+1}=\Pi_+(p^k+\alpha g(x^{k+1},x^{k+1})),\quad \alpha>0\end{cases} \tag{3.35}$$

其中

$$G^k(x)=x-x^k+\alpha\nabla_y\Phi(x,x)+\alpha\nabla_y^{\mathrm{T}}g(x,x)\Pi_+(x^k+\alpha g(x,x))$$

由于投影算子$\Pi_+(\cdot)$是半光滑的，$G^k(\cdot)$也是半光滑的，因此增广拉格朗日方法式(3.35)中第一式的方程是半光滑的。如果$\partial G^k(x^{k+1})$中的任意一个元素都是非奇异的，且x^k充分地接近于x^{k+1}，则应用半光滑牛顿法可以求解式(3.35)中的第一

式，步骤如下：

① 令 $\xi^0=x^k$ 及 $j=0$。

② 如果 $G^k(\xi^j)=0$，停止；否则，令 $x^{k+1}=\xi^j$。

③ 取 $H^j\in\partial G^k(\xi^j)$。计算搜索方向 $d^j\in\mathbf{R}^n$ 满足

$$G^k(\xi^j)+H^jd^j=0$$

④ 令 $\xi^{j+1}=\xi^j+d^j$ 及 $j=j+1$，转到步骤②。

注：在具体的计算过程中，步骤②中的终止准则 $G^k(\xi^j)=0$ 通常用 $\|G^k(\xi^j)\|\leqslant\varepsilon_0$ 来计算，其中 $\varepsilon_0>0$ 是计算的精度。

3.4 数值实验

本节将使用增广拉格朗日方法式(3.35)进行数值实验。应用 3.3 节的牛顿法可以由第 k 步的迭代点 x^k 求解出下一步的迭代点的近似解 $x^{k+1}=\xi^j$，其中的终止准则满足下式：

$$\|G^k(\xi^j)\|\leqslant\varepsilon_0$$

这里选取 $\varepsilon_0=10^{-9}$。

经过计算，增广拉格朗日方法式(3.35)的终止准则如下：

$$r_k:=\|\nabla_y\Phi(x^k,x^k)+\nabla_y^{\mathrm{T}}g(x^k,x^k)p^k\|\leqslant\varepsilon_1 \tag{3.36}$$

本节选取 $\varepsilon_1=10^{-7}$。

下面的数值算例是运用软件 MATLAB 7.8 编程计算的，计算机的配置是 3.06 GHz CPU 和 512 MB 内存。三个数值算例的计算结果分别由表 3.1、表 3.2 和表 3.3 给出，其中 k 表示增广拉格朗日方法的迭代次数，n 表示所求解问题的维数，“Cputime” 表示算法达到终止准则式(3.36)时的 CPU 计算时间，单位是秒(s)。

例 3.1 求解问题

$$x^*\in\arg\min\left\{\frac{1}{2}\langle\boldsymbol{N}y,y\rangle+\langle\boldsymbol{M}x^*+m,y\rangle\,\middle|\,g(x^*,y)\leqslant 0,y\in\mathbf{R}^n\right\}$$

其中 $g(x,y)=\langle\boldsymbol{A}x,y\rangle$，$\boldsymbol{A}$ 是一个 $n\times n$ 对称矩阵，该问题在经济均衡模型中被称作是预算约束(参阅文献[74])，$\boldsymbol{N}$ 和 $\boldsymbol{M}$ 是 $n\times n$ 非负半定矩阵。可以证明 $\Phi(x,y)=\frac{1}{2}\langle\boldsymbol{N}y,y\rangle+\langle\boldsymbol{M}x^*+m,y\rangle$ 是斜对称函数(参阅文献[76])。

在该例中，$\alpha=0.5$，牛顿法中第 j 步的 H_j 的表达式如下：

$$H_j=\boldsymbol{I}_n+\alpha(\boldsymbol{N}+\boldsymbol{M})+\alpha\max\{0,p^k+\alpha(\xi^j)^{\mathrm{T}}\boldsymbol{A}\xi^j\}\boldsymbol{A}+\alpha\boldsymbol{A}\,\mathrm{diag}_{1\leqslant i\leqslant n}[\xi_i^j\beta_i^j]$$

其中，$\boldsymbol{I}_n$ 表示 $\mathbf{R}^{n\times n}$ 空间中的单位矩阵及

$$\beta_i^j=\begin{cases}0, & p^k+\alpha(\xi^j)^{\mathrm{T}}\boldsymbol{A}\xi^j<0\\ 2\alpha(\boldsymbol{A}\xi^j)_i, & p^k+\alpha(\xi^j)^{\mathrm{T}}\boldsymbol{A}\xi^j>0\\ 0\text{ 或 }2\alpha(\boldsymbol{A}\xi^j)_i, & p^k+\alpha(\xi^j)^{\mathrm{T}}\boldsymbol{A}\xi^j=0\end{cases}$$

表 3.1 给出了例 3.1 的数值计算结果。

表 3.1　例 3.1 的数值计算结果

n	k	Cputime/s	s_k	ε_0	ε_1
200	26	2.994 000e+000	7.757 217e−008	10^{-9}	10^{-7}
400	28	2.478 600e+001	7.049 372e−008	10^{-9}	10^{-7}
600	28	2.412 970e+002	5.222 476e−008	10^{-9}	10^{-7}
800	28	5.545 000e+002	6.106 314e−008	10^{-9}	10^{-7}
900	28	7.645 000e+002	6.441 331e−008	10^{-9}	10^{-7}

例 3.2　求解问题

$$x^* = \arg\min\left\{\frac{1}{2}\|\boldsymbol{A}y\|^2 + \langle \boldsymbol{A}y, \boldsymbol{C}x^*\rangle + \frac{1}{2}\|\boldsymbol{C}x^*\|^2 \,\middle|\, g(x^*, y) \leqslant 0, y \in \mathbf{R}^n\right\}$$

其中，$g(x,y)=Bx^\beta y^\beta$ 由文献[74]中给出，$B>0$ 和 $\beta>0$ 均是参数。乘积 xy 在文献[74]中没有特别指出，本例用若当积计算。在文献[77]中证明了

$$\Phi(x^*, y) = \frac{1}{2}\|\boldsymbol{A}y\|^2 + \langle \boldsymbol{A}y, \boldsymbol{C}x^*\rangle + \frac{1}{2}\|\boldsymbol{C}x^*\|^2$$

是斜对称函数，其中 $\boldsymbol{C}^{\mathrm{T}}\boldsymbol{A}$ 是对称矩阵，且最小特征值 $\gamma>0$。

在此例的计算过程中，$\alpha=0.5$，牛顿法中第 j 步的 H_j 的计算表达式如下：

$$H_j = \boldsymbol{I}_n + \alpha\boldsymbol{A}(\boldsymbol{A}+\boldsymbol{C}) +$$

$$\alpha\begin{pmatrix} b_1^j + \sum_{i=1}^{n} \xi_i^j \beta_{i1}^j & \xi_1^j\beta_{12}^j + b_2^j + \xi_2^j\beta_{22}^j & \cdots & \xi_1^j\beta_{1n}^j + b_n^j + \xi_n^j\beta_{nn}^j \\ \xi_2^j\beta_{11}^j + b_2^j + \xi_1^j\beta_{21}^j & \xi_2^j\beta_{12}^j + b_1^j + \xi_1^j\beta_{22}^j & \cdots & \xi_2^j\beta_{1n}^j \\ \vdots & \vdots & & \vdots \\ \xi_n^j\beta_{11}^j + b_n^j + \xi_1^j\beta_{n1}^j & \xi_n^j\beta_{12}^j & \cdots & \xi_n^j\beta_{1n}^j + b_1^j + \xi_1^j\beta_{nn}^j \end{pmatrix}$$

其中，$\boldsymbol{I}_n$ 表示 $\mathbf{R}^{n\times n}$ 空间中的单位矩阵及

$$b^j = \begin{pmatrix} \max\{0, p_1^k + \alpha\|\xi^j\|^2\} \\ \max\{0, p_2^k + \alpha\xi_1^j\xi_2^j\} \\ \vdots \\ \max\{0, p_n^k + \alpha\xi_1^j\xi_n^j\} \end{pmatrix}$$

β_{li} 由下式定义：

$$\beta_{1i}^j = \begin{cases} 0, & b_1^j < 0 \\ 2\alpha\xi_i^j, & b_1^j > 0, \\ 0 \text{ 或 } 2\alpha\xi_i^j, & b_1^j = 0 \end{cases} \quad \beta_{l1}^j = \begin{cases} 0, & b_i^j < 0 \\ 2\alpha\xi_i^j, & b_i^j > 0, \\ 0 \text{ 或 } 2\alpha\xi_i^j, & b_i^j = 0 \end{cases} \quad \beta_{ii}^j = \begin{cases} 0, & b_i^j < 0 \\ 2\alpha\xi_1^j, & b_i^j > 0 \\ 0 \text{ 或 } 2\alpha\xi_1^j, & b_i^j = 0 \end{cases}$$

其中，$i=1,2,\cdots,n$ 及 $\beta_{li}=0, i\neq 1, l\neq 1$ 和 $i\neq l$。

表 3.2 给出了例 3.2 的数值计算结果。

表 3.2　例 3.2 的数值计算结果

n	k	Cputime/s	s_k	ε_0	ε_1
200	27	3.054 000e+000	5.971 560e−008	10^{-9}	10^{-7}
400	27	7.127 300e+001	8.734 403e−008	10^{-9}	10^{-7}
600	36	6.776 600e+001	9.560 599e−008	10^{-9}	10^{-7}
800	42	1.681 880e+002	8.584 103e−008	10^{-9}	10^{-7}
1000	49	3.736 870e+002	9.665 345e−008	10^{-9}	10^{-7}

例 3.3　求解问题

$$\boldsymbol{x}^* = \arg\min\{(\boldsymbol{x}^*)^{\mathrm{T}}\boldsymbol{C}x^* + \boldsymbol{y}^{\mathrm{T}}\boldsymbol{x}^* \mid g(\boldsymbol{x}^*, \boldsymbol{y}) \leqslant 0, \boldsymbol{y} \in \mathbf{R}^n\}$$

其中,$\boldsymbol{C}$ 是一个 $n \times n$ 正定矩阵,$g(\boldsymbol{x}^*, \boldsymbol{y})$定义如下:

$$g(\boldsymbol{x}^*, \boldsymbol{y}) = \begin{pmatrix} y_1 e^{x_1^*} + x_1^* e^{y_1} \\ \vdots \\ y_n e^{x_n^*} + x_n^* e^{y_n} \end{pmatrix}$$

容易验证 $\Phi(\boldsymbol{x}, \boldsymbol{y}) = \boldsymbol{x}^{\mathrm{T}}\boldsymbol{C}\boldsymbol{x} + \boldsymbol{y}^{\mathrm{T}}\boldsymbol{x}$ 是斜对称函数。

在此例的计算过程中,$\alpha = 0.5$,牛顿法中第 j 步中的 H^j 的计算表达式如下:

$$H^j = (1+\alpha)\boldsymbol{I}_n + \alpha \operatorname{diag}_{1\leqslant i\leqslant n}\left[\max\{0, p_i^k + 2\alpha\xi_i^j e^{\xi_i^j}\}(2+\xi_i^j)e^{\xi_i^j} + (1+\xi_i^j)e^{\xi_i^j}\beta_i^j\right]$$

其中,$\boldsymbol{I}_n$ 表示 $\mathbf{R}^{n\times n}$ 空间中的单位矩阵及

$$\beta_i^j = \begin{cases} 0, & p_i^k + 2\alpha\xi_i^j e^{\xi_i^j} < 0 \\ 2\alpha(1+\xi_i^j)e^{\xi_i^j}, & p_i^k + 2\alpha\xi_i^j e^{\xi_i^j} > 0 \\ 0 \text{ 或 } 2\alpha(1+\xi_i^j)e^{\xi_i^j}, & p_i^k + 2\alpha\xi_i^j e^{\xi_i^j} = 0 \end{cases}$$

表 3.3 给出了例 3.3 的数值计算结果。

表 3.3　例 3.3 的数值计算结果

n	k	Cputime/s	s_k	ε_0	ε_1
400	46	1.0115 00e+001	9.848 561e−008	10^{-9}	10^{-7}
600	47	3.174 500e+001	7.870 950e−008	10^{-9}	10^{-7}
800	47	5.020 780e+001	9.543 407e−008	10^{-9}	10^{-7}
1 000	48	9.904 700e+001	6.935 489e−008	10^{-9}	10^{-7}
2 000	48	7.977 500e+002	9.693 595e−008	10^{-9}	10^{-7}

3.5　本章小结

具有双约束条件的问题产生于许多的数学领域，Antipin 提出的具有双约束条件的不动点问题(3.1)就是一类重要的双约束条件问题。本章运用斜对称函数和对称函数的性质及鞍点定理将原始问题(3.1)转化为变分不等式问题，然后建立增广拉格朗日方法，并证明了该方法的全局收敛性。最后，证明了当约束条件中的 $\Omega=\mathbf{R}^n$ 时的子问题的增广拉格朗日方法是可行的，通过三个数值实验说明了增广拉格朗日方法求解具有双约束条件的不动点问题(3.1)的有效性。

第 4 章　二阶锥约束的变分不等式的可行增广拉格朗日方法

本章构造了求解二阶锥约束的变分不等式问题的可行的增广拉格朗日方法。通过研究与二阶锥约束的变分不等式有相同解的一类特殊的二阶锥优化问题，得到了与此二阶锥约束变分不等式的不同形式的等价表示。通过对这些等价表示和投影算子的应用，建立了增广拉格朗日方法，并证明了全局收敛性，同时运用增广拉格朗日方法侧重求解了二阶锥约束的变分不等式的一类子问题。最后，给出了求解三个二阶锥约束的变分不等式的数值结果。

4.1 引　言

二阶锥约束的变分不等式问题是指：求解 $x^* \in \Omega$ 满足

$$\langle F(x^*), y - x^* \rangle \geqslant 0, \quad -g(y) \in K, \ y \in \Omega \tag{4.1}$$

其中，$F:\mathbf{R}^n \to \mathbf{R}^n$，$g:\mathbf{R}^n \to \mathbf{R}^m$ 是连续可微的映射，$\Omega \subset \mathbf{R}^n$ 是闭凸集，K 是二阶锥的卡氏积，表示如下：

$$K = K^{m_1} \times K^{m_2} \times \cdots \times K^{m_p} \tag{4.2}$$

其中，$m_1, m_2, \cdots, m_p$ 及 p 是正整数，$m_1 + m_2 + \cdots + m_p = m$，$K^{m_p}$ 表示空间 $\mathbf{R}^{m_p}$ 中的二阶锥。如前所述二阶锥的定义可知，K^1 表示非负卦限锥 $\mathbf{R}^m_+$，即 $p = m$ 及 $m_1 = m_2 = \cdots = m_p = 1$。此时，二阶锥约束变分不等式问题(4.1)就退化为第 2 章研究的经典变分不等式问题(2.1)。

近些年来，二阶锥约束变分不等式受到众多学者的关注，可查阅文献[78]～[82]。二阶锥约束变分不等式的研究方法中比较常见的是运用二阶锥约束变分不等式或二阶锥规划问题的 Karush - Kuhn - Tucker(简称为 KKT)条件建立神经网络方法来求解，如文献[78]～[81]。更进一步，Nazemi、Sabeghi 与 Sun 等运用 Lyapunov 函数方法证明了神经网络方法是稳定的。与其不同的是，Sun 和 Zhang 运用具有 Armijo 线搜索的修正的牛顿法求解了二阶锥约束变分不等式，并证明该方法在一定的假设条件下具有超线性收敛速度的全局收敛性。

本章将首次运用增广拉格朗日方法求解二阶锥约束的变分不等式问题(4.1)。主要思路是通过研究与二阶锥约束的变分不等式问题(4.1)具有相同解的一个特殊的优化问题，得到与二阶锥约束的变分不等式问题(4.1)的不同类型的等价表示。运用这些等价形式及投影算子的性质建立增广拉格朗日方法，并证明增广拉格朗日方法的全局收敛性。重要的是，与求解式(2.1)相似，在二阶锥约束变分不等式的约束条件中，当 $\Omega=\mathbf{R}^n$ 时的子问题，可以在其增广拉格朗日方法中的迭代式中运用非精确的牛顿法求解，从而使得增广拉格朗日方法得以实现。最后，给出了三个数值实验表明增广拉格朗日法求解二阶锥约束变分不等式问题的有效性。

本章的结构可概括如下：在 4.2 节中，讨论了二阶锥约束的变分不等式的等价变换，运用拉格朗日函数、鞍点不等式及投影算子的性质将原始的二阶锥约束的变分不等式问题(4.1)进行等价变换，可以得到变分不等式的形式和算子方程的形式等。在 4.3 节中，构造了二阶锥约束的变分不等式问题(4.1)的增广拉格朗日方法，并证明了其全局收敛性，侧重研究了二阶锥约束的变分不等式问题(4.1)当 $\Omega=\mathbf{R}^n$ 时的一类子问题，该子问题的增广拉格朗日方法是可行的。在 4.4 节中，给出了数值实验说明增广拉格朗日方法对于求解二阶锥约束的变分不等式问题(4.1)的当 $\Omega=\mathbf{R}^n$ 时的子问题是可行和有效的。

4.2　二阶锥约束的变分不等式的拉格朗日函数

考虑下面特殊的优化问题：

$$\begin{cases}\min f(y)\\ \text{s.t.}\ -g(y)\in K\\ \qquad y\in\Omega\end{cases}\tag{4.3}$$

其中，$K=K^{m_1}\times K^{m_2}\times\cdots\times K^{m_p}$ 由式(4.2)定义，$f(y)=\langle F(x^*),y-x^*\rangle$ 且 $f(y)\geqslant 0$。显然，x^* 是二阶锥约束变分不等式问题(4.1)的解当且仅当 x^* 是 $f(y)$ 的最小值。

优化问题(4.3)的拉格朗日函数如下：

$$L(x^*,y,\mu)=\langle F(x^*),y-x^*\rangle+\langle\mu,g(y)\rangle,\quad \forall y\in\Omega,\quad \forall\mu\in K$$

其中，y 和 μ 分别是原始变量和对偶变量。由于 x^* 是 $f(y)$ 的最优值，则点对 (x^*,μ^*) 是拉格朗日函数 $L(x^*,y,\mu)$ 的鞍点，满足下面的鞍点不等式：

$$\begin{aligned}\langle F(x^*),x^*-x^*\rangle+\langle\mu,g(x^*)\rangle&\leqslant\langle F(x^*),x^*-x^*\rangle+\langle\mu^*,g(x^*)\rangle\\&\leqslant\langle F(x^*),y-x^*\rangle+\langle\mu^*,g(y)\rangle\end{aligned}\tag{4.4}$$

对任意的 $y\in\Omega$ 和 $\mu\in K$ 成立。

容易知道鞍点不等式系统(4.4)可以表示成下面的等价形式：

$$\begin{cases}x^*\in\arg\min\{\langle F(x^*),y-x^*\rangle+\langle\mu^*,g(y)\rangle\mid y\in\Omega\}\\ \mu^*\in\arg\max\{\langle\mu,g(x^*)\rangle\mid\mu\in K\}\end{cases}\tag{4.5}$$

由投影算子的性质可以得到下面的引理。

引理 4.1　设 $g:\mathbf{R}^n\to\mathbf{R}^m$ 是可微的凸映射，$\Omega\subset\mathbf{R}^n$ 是非空闭凸集。则点对 (x^*,μ^*) 是拉格朗日函数 $L(x^*,y,\mu)$ 的鞍点当且仅当 (x^*,μ^*) 满足下面的算子

方程：

$$\begin{cases} x^* = \Pi_\Omega(x^* - \alpha(F(x^*) + \mathrm{J}g(x^*)^{\mathrm{T}}\mu^*)) \\ \mu^* = \Pi_K(\mu^* + \alpha g(x^*)) \end{cases} \tag{4.6}$$

其中，$\Pi_K(\cdot)$和$\Pi_\Omega(\cdot)$分别是到由式(4.2)定义的二阶锥 K 和集合 Ω 上的投影算子，$\alpha>0$ 是一个参数。

证明：如果 g 是可微且凸的，则式(4.5)可以表示成下面的变分不等式：

$$\begin{cases} \langle F(x^*) + \mathrm{J}g(x^*)^{\mathrm{T}}\mu^*, y - x^* \rangle \geqslant 0, & \forall y \in \Omega \\ \langle -g(x^*), \mu - \mu^* \rangle \geqslant 0, & \forall \mu \in K \end{cases} \tag{4.7}$$

其中，$\mathrm{J}g(x^*)$是映射 g 在 x^* 的 Jacobian。

上述变分不等式(4.7)等价为

$$\begin{cases} \langle x^* - x^* + \alpha(F(x^*) + \mathrm{J}g(x^*)^{\mathrm{T}}\mu^*), y - x^* \rangle \geqslant 0, & \forall y \in \Omega \\ \langle \mu^* - \mu^* - \alpha g(x^*), \mu - \mu^* \rangle \geqslant 0, & \forall \mu \in K \end{cases}$$

其中，$\alpha>0$ 是一个参数。

根据引理 1.1 投影算子的性质可将上面的变分不等式等价转化为

$$\begin{cases} x^* = \Pi_\Omega(x^* - \alpha(F(x^*) + \mathrm{J}g(x^*)^{\mathrm{T}}\mu^*)) \\ \mu^* = \Pi_K(\mu^* + \alpha g(x^*)) \end{cases}$$

其中，$\Pi_K(\cdot)$和$\Pi_\Omega(\cdot)$分别是由式(4.2)定义的二阶锥 K 和集合 Ω 上的投影算子。证毕。

由于 g 是凸的，式(4.7)中第一个不等式的不等号的左边第二项可如下计算：

$$\langle \mathrm{J}g(x^*)^{\mathrm{T}}\mu^*, y - x^* \rangle = \langle \mu^*, \mathrm{J}g(x^*)(y - x^*) \rangle \leqslant \langle \mu^*, g(y) - g(x^*) \rangle \tag{4.8}$$

对任意的 $y \in \Omega$ 成立。因此，变分不等式(4.7)可转化为

$$\begin{cases} \langle F(x^*), y - x^* \rangle + \langle \mu^*, g(y) - g(x^*) \rangle \geqslant 0, & \forall y \in \Omega \\ \langle -g(x^*), \mu - \mu^* \rangle \geqslant 0, & \forall \mu \in K \end{cases} \tag{4.9}$$

注：综上所述，当函数 g 是可微的凸的映射时，由投影算子的性质可得表达式(4.4)～式(4.7)与式(4.9)是彼此等价的。

4.3 二阶锥约束的变分不等式的增广拉格朗日方法

二阶锥约束的变分不等式的增广拉格朗日方法可叙述如下：

设 $x^1 \in \Omega$，$\mu^1 \in K$ 分别是近似解和拉格朗日乘子的初始点。若第 k 步迭代点为 $x^k \in \Omega$ 和 $\mu^k \in K$，则第 $k+1$ 步迭代点 x^{k+1} 与 μ^{k+1} 计算如下：

$$\begin{cases} x^{k+1} \in \arg\min\left\{\frac{1}{2}\| y - x^k \|^2 + \alpha M(x^{k+1}, y, \mu^k) \mid y \in \Omega\right\} \\ \mu^{k+1} = \Pi_+(\mu^k + \alpha g(x^{k+1})) \end{cases} \tag{4.10}$$

其中，$\alpha>0$ 及

$$M(x,y,\mu)=\langle F(x),y-x\rangle+\frac{1}{2\alpha}\|\Pi_{+}(\mu+\alpha g(y))\|^{2}-\frac{1}{2\alpha}\|\mu\|^{2} \tag{4.11}$$

是问题(4.3)的增广拉格朗日函数。

不难发现算法(4.10)中第一式的两边都含有 x^{k+1}，因此该式是一个隐式方程。在求解实际问题的过程中求解这个隐式方程是至关重要的。

为了证明增广拉格朗日方法式(4.10)的收敛性，经过计算式(4.10)的表达式可以等价转化为下面的变分不等式系统：

$$\langle x^{k+1}-x^{k}+\alpha(F(x^{k+1})+\mathrm{J}g(x^{k+1})^{\mathrm{T}}\Pi_{K}(\mu^{k}+\alpha g(x^{k+1}))),y-x^{k+1}\rangle\geqslant 0,\quad \forall y\in\Omega \tag{4.12}$$

和

$$\langle\mu^{k+1}-\mu^{k}-\alpha g(x^{k+1}),\mu-\mu^{k+1}\rangle\geqslant 0,\quad \forall\mu\in K \tag{4.13}$$

接下来证明求解二阶锥约束的变分不等式(4.1)的增广拉格朗日方法的全局收敛性定理。

定理 4.1　设二阶锥约束的变分不等式(4.1)的解集 Ω^{*} 非空，$F:\mathbf{R}^{n}\to\mathbf{R}^{n}$ 是单调映射，$g:\mathbf{R}^{n}\to\mathbf{R}^{m}$ 是可微的凸映射，$\Omega\subset\mathbf{R}^{n}$ 是闭凸集及 $\alpha>0$。则由增广拉格朗日方法式(4.10)产生的迭代点列 $\{x^{k}\}$ 依范数单调收敛于二阶锥约束的变分不等式问题(4.1)的解。

证明： 在式(4.12)中令 $y=x^{*}$ 及应用式(4.10)的第二式，可以得到

$$\langle x^{k+1}-x^{k}+\alpha(F(x^{k+1})+\mathrm{J}g(x^{k+1})^{\mathrm{T}}\mu^{k+1}),x^{*}-x^{k+1}\rangle\geqslant 0$$

上式继续计算可得

$$\begin{aligned}&\langle x^{k+1}-x^{k},x^{*}-x^{k+1}\rangle+\alpha\langle F(x^{k+1}),x^{*}-x^{k+1}\rangle+\\&\alpha\langle \mathrm{J}g(x^{k+1})^{\mathrm{T}}\mu^{k+1},x^{*}-x^{k+1}\rangle\geqslant 0\end{aligned} \tag{4.14}$$

由 $g(y)$ 的凸性，式(4.14)不等号左边的最后一项可以表示如下：

$$\begin{aligned}\langle \mathrm{J}g(x^{k+1})^{\mathrm{T}}\mu^{k+1},x^{*}-x^{k+1}\rangle&=\langle\mu^{k+1},\mathrm{J}g(x^{k+1})(x^{*}-x^{k+1})\rangle\\&\leqslant\langle\mu^{k+1},g(x^{*})-g(x^{k+1})\rangle\end{aligned} \tag{4.15}$$

因此，根据式(4.14)和式(4.15)可以得到

$$\begin{aligned}&\langle x^{k+1}-x^{k},x^{*}-x^{k+1}\rangle+\alpha\langle F(x^{k+1}),x^{*}-x^{k+1}\rangle+\\&\alpha\langle\mu^{k+1},g(x^{*})-g(x^{k+1})\rangle\geqslant 0\end{aligned} \tag{4.16}$$

在式(4.13)中令 $\mu=\mu^{*}$，再由条件 $\langle\mu^{k+1},g(x^{*})\rangle\leqslant 0$ 及 $\langle\mu^{*},g(x^{*})\rangle=0$ 可得

$$\langle\mu^{k+1}-\mu^{k},\mu^{*}-\mu^{k+1}\rangle-\alpha\langle g(x^{k+1})-g(x^{*}),\mu^{*}-\mu^{k+1}\rangle\geqslant 0 \tag{4.17}$$

将式(4.16)和式(4,17)相加，再由 $F(x)$ 是单调算子，可以得到下面的不等式：

$$\langle x^{k+1}-x^{k},x^{*}-x^{k+1}\rangle+\langle\mu^{k+1}-\mu^{k},\mu^{*}-\mu^{k+1}\rangle\geqslant 0 \tag{4.18}$$

根据内积与范数的如下关系：对任意的 $x_1,x_2,x_3\in\mathbf{R}^{n}$ 有

$$\|x_1-x_3\|^{2}=\|x_1-x_2\|^{2}+2\langle x_1-x_2,x_2-x_3\rangle+\|x_2-x_3\|^{2}$$

即

$$\langle x_1 - x_2, x_2 - x_3 \rangle = \frac{1}{2}\| x_1 - x_3 \|^2 - \frac{1}{2}(\| x_1 - x_2 \|^2 + \| x_2 - x_3 \|^2) \tag{4.19}$$

由式(4.19)的关系，式(4.18)可计算如下：

$$\| x^{k+1} - x^k \|^2 + \| x^* - x^{k+1} \|^2 + \| \mu^{k+1} - \mu^k \|^2 + \| \mu^* - \mu^{k+1} \|^2 \leqslant \| x^* - x^k \|^2 + \| \mu^* - \mu^k \|^2 \tag{4.20}$$

将式(4.20)不等号两边分别从 $k=0$ 相加到 $k=N$ 可以得到

$$\sum_{k=0}^{N} \| x^{k+1} - x^k \|^2 + \sum_{k=0}^{N} \| \mu^{k+1} - \mu^k \|^2 + \| x^{N+1} - x^* \|^2 + \| \mu^{N+1} - \mu^* \|^2 \leqslant \| x^0 - x^* \|^2 + \| \mu^0 - \mu^* \|^2 \tag{4.21}$$

由式(4.14)，序列$\{(x^i, \mu^i): i=1,2,\cdots\}$是有界的，即

$$\| x^{N+1} - x^* \|^2 + \| \mu^{N+1} - \mu^* \|^2 \leqslant \| x^0 - x^* \|^2 + \| \mu^0 - \mu^* \|^2 \tag{4.22}$$

同时还可以得到下面级数是收敛的：

$$\sum_{k=0}^{\infty} \| x^{k+1} - x^k \|^2 < \infty, \quad \sum_{k=0}^{\infty} \| \mu^{k+1} - \mu^k \|^2 < \infty$$

因此，可以得到 $\| x^{k+1} - x^k \|^2 \to 0 (k \to \infty)$，$\| \mu^{k+1} - \mu^k \|^2 \to 0 (k \to \infty)$。由序列$(x^k, \mu^k)$是有界的，存在点对$(x', \mu')$使得 $x^{k_i} \to x' (i \to \infty)$ 和 $\mu^{k_i} \to \mu' (i \to \infty)$，而且当 $i \to \infty$时，有

$$\| x^{k_i+1} - x^{k_i} \|^2 \to 0, \quad \| \mu^{k_i+1} - \mu^{k_i} \|^2 \to 0$$

在式(4.12)和式(4.13)中取 $k=k_i$，令 $i \to \infty$时可以得到

$$\begin{cases} \langle F(x') + \mathrm{J}g(x')^{\mathrm{T}} \mu', y - x' \rangle \geqslant 0, & \forall y \in \Omega \\ \langle -g(x'), \mu - \mu' \rangle \geqslant 0, & \forall \mu \in K \end{cases}$$

由式(4.7)可得，$x' \in \Omega^*$ 和 $\mu' \in K$ 满足

$$\begin{cases} x' \in \arg\min\{\langle F(x'), y - x' \rangle + \langle \mu', g(y) \rangle \mid y \in \Omega\} \\ \mu' \in \arg\max\{\langle \mu, g(x') \rangle \mid \mu \in K\} \end{cases}$$

因此，序列(x^k, μ^k)的任意聚点都是二阶锥变分不等式(4.1)的解。由于序列 $\| x^k - x^* \|^2 + \| \mu^k - \mu^* \|^2$ 是单调递减的，可以保证极限点是唯一的，即 $x^k \to \bar{x} (k \to \infty)$和 $\mu^k \to \bar{\mu} (k \to \infty)$，则 $\bar{x} := x' = x^*$ 和 $\bar{\mu} := \mu' = \mu^*$。证毕。

如前所述，增广拉格朗日方法式(4.10)中的第一式在求解 x^{k+1} 时是隐式的，该方法在理论上可以得到全局收敛性，但是在具体计算时求解该隐式方程不是一个容易解决的问题。而且发现在式(4.1)中当 $\Omega = \mathbf{R}^n$ 时，增广拉格朗日方法式(4.10)可以简化为下面的形式：

$$\begin{cases} G^k(x^{k+1}) = 0 \\ \mu^{k+1} = \Pi_K(\mu^k + \alpha g(x^{k+1})) \end{cases} \tag{4.23}$$

其中，$\alpha>0$ 及

$$G^k(x)=x-x^k+\alpha F(x)+\alpha \mathrm{J}g(x)^{\mathrm{T}}\Pi_K(\mu^k+\alpha g(x))$$

由于投影算子 Π_K 是半光滑的，因此 $G^k(\cdot)$ 也是半光滑的。如果$\partial G^k(x^{k+1})$中的任意一个元素都是非奇异的，且 x^k 充分地接近于 x^{k+1}，则可运用非精确的半光滑牛顿法求解该方程。非精确的半光滑牛顿法求解步骤如下：

① 令 $\xi^0=x^k$，选取非负参数列 $\{\eta_j\}$ 及 $j=0$。

② 若 $G^k(\xi^j)=0$，停止；否则，令 $x^{k+1}=\xi^j$。

③ 选取 $H^j\in\partial G^k(\xi^j)$。计算搜索方向 $d^j\in\mathbf{R}^n$ 满足

$$G^k(\xi^j)+H^jd^j=r^j$$

其中，$r^j\in\mathbf{R}^n$ 是一个向量，满足 $\|r^j\|\leqslant\eta_j\|G^k(\xi^j)\|$，且 η_j 是一个非负数。

④ 令 $\xi^{j+1}=\xi^j+d^j$ 及 $j=j+1$，转到步骤②。

注：事实上，步骤②的停止准则 $G^k(\xi^j)=0$ 通常由 $G^k(\xi^j)\leqslant\varepsilon_0$ 来计算，其中 $\varepsilon_0>0$ 是精度。

4.4 数值实验

本节将运用增广拉格朗日方法求解当约束条件(4.1)中 $\Omega=\mathbf{R}^n$ 时的情形，此时运用算法(4.23)进行求解，其第一式方程的求解应用非精确的半光滑求顿法进行运算，其终止准则满足：

$$\|G^k(\xi^j)\|\leqslant\varepsilon_0 \tag{4.24}$$

而增广拉格朗日方法的终止准则为

$$s_k:=\|F(x^k)+\mathrm{J}g(x^k)^{\mathrm{T}}\mu^k\|\leqslant\varepsilon_1 \tag{4.25}$$

本数值实验应用 MATLAB 2019b 软件，计算机的配置是 Intel Pentimu IV 2.02 GHz CPU。

例 4.1　考虑下面的二阶锥约束的变分不等式：

$$\langle F(x^*),y-x^*\rangle\geqslant 0,\quad -g(y)\in K,\quad y\in\mathbf{R}^n$$

其中，$\boldsymbol{F}(x)=\begin{pmatrix}x_1+\mathrm{e}^{x_1}\\ \vdots\\ x_n+\mathrm{e}^{x_n}\end{pmatrix}$是一单调映射，$g(y)=\boldsymbol{A}y$。

在此例中，取 $\varepsilon_0=10^{-9}$，$\varepsilon_1=10^{-7}$，$\alpha=0.4$ 及 $\eta_j=\dfrac{1}{2^j}(j=0,1,2,\cdots)$，非精确的半光滑牛顿法中第 j 次迭代中的 Jacobian H^j 表示如下：

$$H^j=\boldsymbol{I}_n+\alpha\,\mathrm{diag}_{1\leqslant i\leqslant n}[1+\mathrm{e}_i^j]+\alpha\boldsymbol{C}^j$$

令 $\gamma=\sqrt{(\mu_2+\alpha\boldsymbol{A}y_2)^2+\cdots+(\mu_n+\alpha\boldsymbol{A}y_n)^2}$，其中 $\mu_i(i=1,2,\cdots,n)$表示增广拉格朗日方法中乘子 μ 的分量。则 $\boldsymbol{C}^j$ 可进行如下计算。

C^j 的(1,1)元 C_{11}^j 表示如下：

$$C_{11}^j=\begin{cases}\dfrac{1}{2}\alpha\boldsymbol{A}^2, & |x_1|<\|\bar{x}\| \\ \alpha\boldsymbol{A}^2, & \|\bar{x}\|\leqslant x_1 \\ 0, & \|\bar{x}\|\leqslant -x_1\end{cases}$$

C^j 的对角线元素 $C_{ii}^j\,(i=2,3,\cdots,n)$ 计算如下：

$$C_{ii}^j=\begin{cases}\dfrac{1}{2}\alpha\boldsymbol{A}^2\left(1+\dfrac{\mu_1+\alpha\boldsymbol{A}y_1}{\gamma}+\dfrac{(\mu_1+\alpha\boldsymbol{A}y_1)(\mu_i+\alpha\boldsymbol{A}y_i)^2}{\gamma^3}\right), & |x_1|<\|\bar{x}\| \\ \alpha\boldsymbol{A}^2, & \|\bar{x}\|\leqslant x_1 \\ 0, & \|\bar{x}\|\leqslant -x_1\end{cases}$$

C^j 的第一行元素 $C_{1k}^j\,(k=2,3,\cdots,n)$ 计算如下：

$$C_{1k}^j=\begin{cases}\dfrac{1}{2}\alpha\ \dfrac{\boldsymbol{A}^2}{\gamma}(\mu_k+\alpha\boldsymbol{A}y_k), & |x_1|<\|\bar{x}\| \\ 0, & \|\bar{x}\|\leqslant x_1 \\ 0, & \|\bar{x}\|\leqslant -x_1\end{cases}$$

C^j 的第一列元素 $C_{i1}^j\,(i=2,3,\cdots,n)$ 的表达式为

$$C_{i1}^j=\begin{cases}\dfrac{1}{2}\alpha\ \dfrac{\boldsymbol{A}^2}{\gamma}(\mu_i+\alpha\boldsymbol{A}y_i), & |x_1|<\|\bar{x}\| \\ 0, & \|\bar{x}\|\leqslant x_1 \\ 0, & \|\bar{x}\|\leqslant -x_1\end{cases}$$

C^j 的其他元素 $C_{ik}^j\,(i,k=2,3,\cdots,n$ 且 $i\neq k)$ 的表达式为

$$C_{ik}^j=\begin{cases}\dfrac{1}{2}\alpha\boldsymbol{A}^2\ \dfrac{(\mu_1+\alpha\boldsymbol{A}y_1)(\mu_i+\alpha\boldsymbol{A}y_i)}{\gamma}(\mu_k+\alpha\boldsymbol{A}y_k), & |x_1|<\|\bar{x}\| \\ 0, & \|\bar{x}\|\leqslant x_1 \\ 0, & \|\bar{x}\|\leqslant -x_1\end{cases}$$

本例的数值结果如表 4.1 所列，其中 k 表示外层算法的迭代次数，“Time”表示增广拉格朗日方法式(4.23)满足终止准则式(4.25)的 CPU 计算时间，其单位是秒(s)。

表 4.1　例 4.1 的数值计算结果

n	m	K	k	Time/s	s_k	ε_0	ε_1
800	800	$K^{400}\times K^{400}$	20	1.554 706e+02	5.159 651e−08	10^{-9}	10^{-7}
1 000	1 000	$K^{500}\times K^{500}$	20	2.695 229e+02	5.768 662e−08	10^{-9}	10^{-7}
1 200	1 200	$K^{400}\times K^{400}\times K^{400}$	20	4.514 513e+02	6.319 195e−08	10^{-9}	10^{-7}
1 600	1 600	$K^{400}\times K^{400}\times K^{400}\times K^{400}$	20	1.023 913e+03	7.293 620e−08	10^{-9}	10^{-7}
2 000	2 000	$K^{500}\times K^{500}\times K^{500}\times K^{500}$	20	1.891 965e+03	8.096 152e−08	10^{-9}	10^{-7}

例 4.2　考虑下面的二阶锥约束的变分不等式：

$$\langle \boldsymbol{M}x^* + \frac{1}{2}x^*, \boldsymbol{y} - x^* \rangle \geqslant 0, \quad -g(\boldsymbol{y}) \in K, \ \boldsymbol{y} \in \mathbf{R}^n$$

其中，$\boldsymbol{M}$ 是一个正半定矩阵，$g(\boldsymbol{y}) = \boldsymbol{y} \circ \boldsymbol{y}$ 是向量 $\boldsymbol{y}$ 与 $\boldsymbol{y}$ 的约当积。

在此例中，取 $\varepsilon_0 = 10^{-9}$，$\varepsilon_1 = 10^{-6}$，$\alpha = 0.1$ 及 $\eta_j = \frac{1}{2^j}(j = 0, 1, 2, \cdots)$，非精确的半光滑牛顿法中第 j 次迭代中的 Jacobian H^j 表示如下：

$$H^j = \boldsymbol{I}_n + \alpha\left(\boldsymbol{M} + \frac{1}{2}\boldsymbol{I}_n\right) + \alpha\boldsymbol{C}^j$$

$\boldsymbol{C}^j$ 可以计算如下：设

$$\gamma = \sqrt{[\mu_2 + \alpha(y_1\mu_2 + \mu_1 y_2)]^2 + \cdots + [\mu_n + \alpha(y_1\mu_n + \mu_1 y_n)]^2}$$

和

$$\delta = [\mu_2 + \alpha(y_1\mu_2 + \mu_1 y_2)]\mu_2 + \cdots + [\mu_n + \alpha(y_1\mu_n + \mu_1 y_n)]\mu_n$$

其中，$\mu_i(i = 1, 2, \cdots, n)$ 表示增广拉格朗日方法中乘子 μ 的分量。

$\boldsymbol{C}^j$ 的(1,1)元 C_{11}^j 表示如下：

$$C_{11}^j = \begin{cases} \frac{1}{2}\mu_1 \frac{\alpha\delta}{\gamma} + \frac{1}{2}\alpha(\mu_1^2 + \cdots + \mu_n^2) + \\ \frac{1}{2} \frac{\mu_1 + \alpha(y_1\mu_1 + \cdots + y_n\mu_n)}{\gamma} + \\ \frac{1}{2}\alpha\delta \frac{\mu_1\gamma^2 + [\mu_1 + \alpha(y_1\mu_1 + \cdots + y_n\mu_n)]\delta}{\gamma^3}, & |x_1| < \|\bar{x}\| \\ \alpha(\mu_1^2 + \mu_2^2 + \cdots + \mu_n^2), & \|\bar{x}\| \leqslant x_1 \\ 0, & \|\bar{x}\| \leqslant -x_1 \end{cases}$$

$\boldsymbol{C}^j$ 的对角元素 $C_{ii}^j(i = 2, 3, \cdots, n)$ 计算如下：

$$C_{ii}^j = \begin{cases} \frac{1}{2}\alpha\mu_1^2 \frac{\gamma^2 + [\mu_i + \alpha(y_1\mu_i + \mu_1 y_i)]^2}{\gamma^3} \times \\ [\mu_1 + \alpha(y_1\mu_1 + \cdots + y_n\mu_n)] + \\ \alpha\mu_1\mu_i \frac{\mu_i + \alpha(y_1\mu_i + \cdots + y_i\mu_1)}{\gamma} + \frac{1}{2}\alpha(\mu_1^2 + \mu_i^2), & |x_1| < \|\bar{x}\| \\ \alpha(\mu_1^2 + \mu_i^2), & \|\bar{x}\| \leqslant x_1 \\ 0, & \|\bar{x}\| \leqslant -x_1 \end{cases}$$

$\boldsymbol{C}^j$ 的第一行元素 $C_{1k}^j(k = 2, 3, \cdots, n)$ 计算如下：

$$C_{1k}^{j}=\begin{cases}\frac{1}{2}\alpha\mu_k\ \frac{\delta}{\gamma}+\frac{1}{2}\mu_1\mu_k+\frac{1}{2}\alpha\left(1+\frac{[\mu_1+\alpha(y_1\mu_1+y_n\mu_n)]}{\gamma}\right)\times \\ \mu_1\mu_k+\frac{1}{2}\alpha\mu_1\ \frac{\mu_1\gamma^2+[\mu_1+\alpha(y_1\mu_1+\cdots+y_n\mu_n)]\delta}{\gamma^3}\times \\ [\mu_j+\alpha(y_1\mu_k+y_k\mu_1)], & |x_1|<\|\bar{x}\| \\ 2\alpha\mu_1\mu_k, & \|\bar{x}\|\leqslant x_1 \\ 0, & \|\bar{x}\|\leqslant -x_1\end{cases}$$

可以运用下面的公式计算 $\boldsymbol{C}^j$ 的第一列元素 $C_{i1}^j(k=2,3,\cdots,n)$：

$$C_{i1}^{j}=\begin{cases}\frac{1}{2}\alpha\mu_1\ \frac{[\mu_i+\alpha(y_1\mu_i+\mu_1y_i)]\mu_1}{\gamma}+ \\ \frac{1}{2}\alpha\left(1+\frac{[\mu_1+\alpha(y_1\mu_1+\cdots+\mu_ny_n)]}{\gamma}\right)\mu_1\mu_i+\frac{1}{2}\mu_1\mu_i+\frac{1}{2}\alpha\delta\times \\ \frac{\mu_i\gamma^2+[\mu_1+\alpha(y_1\mu_1+\cdots+y_n\mu_n)][\mu_i+\alpha(y_1\mu_i+y_i\mu_1)]\mu_1}{\gamma^3}, & |x_1|<\|\bar{x}\| \\ 2\alpha\mu_1\mu_i, & \|\bar{x}\|\leqslant x_1 \\ 0, & \|\bar{x}\|\leqslant -x_1\end{cases}$$

$\boldsymbol{C}^j$ 的其他元素 $C_{ik}^j(i,k=2,3,\cdots,n$ 且 $i\neq k)$计算如下：

$$C_{ik}^{j}=\begin{cases}\frac{1}{2}\alpha\mu_1\ \frac{\mu_i\gamma^2+[\mu_1+\alpha(y_1\mu_1+\mu_ny_n)][\mu_k+\alpha(y_1\mu_k+\mu_1y_k)]\mu_1}{\gamma^3}\times \\ [\mu_k+\alpha(y_1\mu_k+\mu_1y_k)]+\frac{1}{2}\alpha\mu_k\ \frac{[\mu_i+\alpha(y_1\mu_i+\cdots+y_i\mu_1)]\mu_1}{\gamma}+ \\ \frac{1}{2}\mu_i\mu_k, & |x_1|<\|\bar{x}\| \\ 2\alpha\mu_i\mu_1, & \|\bar{x}\|\leqslant x_1 \\ 0, & \|\bar{x}\|\leqslant -x_1\end{cases}$$

本例的数值结果如表 4.2 所列，其中 k 表示增广拉格朗日方法式(4.23)的外层算法的迭代次数，"Time" 表示该算法式(4.23)满足终止准则式(4.25)的 CPU 计算时间，其单位是秒(s)。

表 4.2　例 4.2 的数值计算结果

n	m	K	k	Time/s	s_k	ε_0	ε_1
800	800	$K^{400}\times K^{400}$	19	6.187 000e+01	9.934 112e−07	10^{-9}	10^{-6}
1 000	1 000	$K^{500}\times K^{500}$	20	1.095 907e+02	8.562 054e−07	10^{-9}	10^{-6}
1 200	1 200	$K^{400}\times K^{400}\times K^{400}$	20	1.763 591e+02	8.547 810e−07	10^{-9}	10^{-6}
1 600	1 600	$K^{400}\times K^{400}\times K^{400}\times K^{400}$	21	4.198 611e+02	4.198 611e+02	10^{-9}	10^{-6}
2 000	2 000	$K^{500}\times K^{500}\times K^{500}\times K^{500}$	21	7.881 327e+02	9.528 877e−07	10^{-9}	10^{-6}

例 4.3　考虑下面的二阶锥约束的变分不等式：

$$\langle \boldsymbol{N}x^* + b, y - x^* \rangle \geqslant 0, \quad -\boldsymbol{g}(y) \in K, \quad y \in \mathbf{R}^n$$

其中，$\boldsymbol{N}$ 是一个正半定矩阵及 $\boldsymbol{g}(y) = \begin{pmatrix} y_1 e^{y_1} \\ \vdots \\ y_n e^{y_n} \end{pmatrix}$。

在此例中，取 $\varepsilon_0 = 10^{-9}$，$\varepsilon_1 = 10^{-7}$，$\alpha = 0.5$ 及 $\eta_j = \dfrac{1}{2^j}(j=0,1,2,\cdots)$，非精确的半光滑牛顿法中第 j 次迭代中的 Jacobian H^j 表示如下：

$$H^j = \boldsymbol{I}_n + \alpha \boldsymbol{N} + \alpha \boldsymbol{C}^j$$

则可以计算 $\boldsymbol{C}^j$ 如下：令 $\gamma = \sqrt{(\mu_2 + \alpha y_2 e^{y_2})^2 + \cdots + (\mu_n + \alpha y_n e^{y_n})^2}$，其中 μ_i $(i=1,2,\cdots,n)$ 表示增广拉格朗日方法中乘子 μ 的分量。

$\boldsymbol{C}^j$ 的(1,1)元 C_{11}^j 表示如下：

$$C_{11}^j = \begin{cases} \dfrac{(2+y_1)e^{y_1}}{2}\left(1 + \dfrac{\mu_1 + \alpha y_1 e^{y_1}}{\gamma}\right)\gamma + \alpha(1+y_1)^2 e^{2y_1}, & |x_1| < \|\bar{x}\| \\ (2+y_1)e^{y_1}(\mu_1 + \alpha y_1 e^{y_1}) + \alpha(1+y_1)^2 e^{2y_1}, & \|\bar{x}\| \leqslant x_1 \\ 0, & \|\bar{x}\| \leqslant -x_1 \end{cases}$$

$\boldsymbol{C}^j$ 的对角线元素 $C_{ii}^j(i=2,3,\cdots,n)$ 计算如下：

$$C_{ii}^j = \begin{cases} \dfrac{(2+y_i)e^{y_i}}{2}\left(1 + \dfrac{\mu_1 + \alpha y_1 e^{y_1}}{\gamma}\right)(\mu_i + \alpha y_i e^{y_i}) + \\ \dfrac{\alpha(1+y_i)e^{2y_i}}{2}\left[\dfrac{(\mu_1 + \alpha y_1 e^{y_1})(\mu_i + \alpha y_i e^{y_i})^2}{\gamma^3} + \right. \\ \left.\left(1 + \dfrac{\mu_1 + \alpha y_1 e^{y_1}}{\gamma}\right)\right], & |x_1| < \|\bar{x}\| \\ (2+y_1)e^{y_1}(\mu_1 + \alpha y_1 e^{y_1}) + \alpha(1+y_1)^2 e^{2y_1}, & \|\bar{x}\| \leqslant x_1 \\ 0, & \|\bar{x}\| \leqslant -x_1 \end{cases}$$

$\boldsymbol{C}^j$ 的第一行元素 $C_{1k}^j(k=2,3,\cdots,n)$ 计算如下：

$$C_{1k}^j = \begin{cases} \dfrac{(2+y_k)e^{y_k}}{2}\dfrac{\alpha(1+y_1)e^{y_1}}{\gamma}(\mu_k + \alpha y_k e^{y_k}), & |x_1| < \|\bar{x}\| \\ \alpha(1+y_k)e^{y_k}(1+y_k)^2 e^{2y_k}, & \|\bar{x}\| \leqslant x_1 \\ 0, & \|\bar{x}\| \leqslant -x_1 \end{cases}$$

$\boldsymbol{C}^j$ 的第一列元素 $C_{i1}^j(i=2,3,\cdots,n)$ 计算如下：

$$C_{i1}^j=\begin{cases}\dfrac{(2+y_1)\mathrm{e}^{y_1}}{2}\dfrac{\alpha(1+y_i)\mathrm{e}^{y_i}}{\gamma}(\mu_i+\alpha y_i\mathrm{e}^{y_i}), & |x_1|<\|\bar{x}\| \\ 0, & \|\bar{x}\|\leqslant x_1 \\ 0, & \|\bar{x}\|\leqslant -x_1\end{cases}$$

最后,计算 $\boldsymbol{C}^j$ 的其他元素 $C_{ik}^j(i,k=2,3,\cdots,n$ 但 $i\neq k)$ 如下:

$$C_{ik}^j=\begin{cases}\dfrac{(1+y_i)\mathrm{e}^{y_i}}{2}\dfrac{(\mu_1+\alpha y_1\mathrm{e}^{y_1})(\mu_k+\alpha y_k\mathrm{e}^{y_k})^2(1+y_i\mathrm{e}^{y_i})}{\gamma^3}, & |x_1|<\|\bar{x}\| \\ 0, & \|\bar{x}\|\leqslant x_1 \\ 0, & \|\bar{x}\|\leqslant -x_1\end{cases}$$

本例的数值结果如表 4.3 所列,其中 k 表示增广拉格朗日方法式(4.23)的外层算法的迭代次数,"Time" 表示该算法式(4.23)满足终止准则式(4.25)的 CPU 计算时间,其单位是秒(s)。

表 4.3 例 4.3 的数值计算结果

n	m	K	k	Time/s	s_k	ε_0	ε_1
800	800	$K^{400}\times K^{400}$	21	9.639 302e+01	7.805 525e−08	10^{-9}	10^{-7}
1 000	1 000	$K^{500}\times K^{500}$	21	1.778 255e+02	8.715 156e−08	10^{-9}	10^{-7}
1 200	1 200	$K^{400}\times K^{400}\times K^{400}$	21	2.945 143e+02	9.548 276e−08	10^{-9}	10^{-7}
1 600	1 600	$K^{400}\times K^{400}\times K^{400}\times K^{400}$	22	7.201 162e+02	7.537 650e−08	10^{-9}	10^{-7}
2 000	2 000	$K^{500}\times K^{500}\times K^{500}\times K^{500}$	22	1.431 403e+03	8.439 659e−08	10^{-9}	10^{-7}

以上的三个算例说明增广拉格朗日方法求解二阶锥约束的变分不等式(4.1)是可行和有效的。

4.5 本章小结

本章所提出的增广拉格朗日方法求解二阶锥约束的变分不等式问题(4.1)与以往的神经网络方法不同,通过对与问题(4.1)有相同解的特殊的优化问题进行研究,首先得到一个鞍点问题,然后通过运用投影算子的性质得到与二阶锥约束的变分不等式等价的表达形式。在此基础上建立了增广拉格朗日方法,并证明了该方法的全局收敛性。最后,证明了当约束条件中的 $\Omega=\mathbf{R}^n$ 时的子问题的增广拉格朗日方法是可行的,通过三个数值实验说明了增广拉格朗日方法求解二阶锥约束的变分不等式问题的有效性。

第5章 具有等式约束的二阶锥变分不等式的可行增广拉格朗日方法

本章研究了具有等式约束的二阶锥变分不等式的增广拉格朗日方法，与第4章所研究的二阶锥约束的变分不等式相比，所研究的问题多了一个等式约束条件。在方法的讨论上，与第4章相似，首先考虑了具有等式约束的一类特殊的二阶锥优化问题，运用该问题的拉格朗日函数、鞍点不等式及投影算子的性质，得到了具有等式约束的二阶锥变分不等式的一系列等价变换。然后基于该变换建立了增广拉格朗日方法，并证明了该方法的全局收敛性。最后，给出了数值实验结果说明增广拉格朗日方求解具有等式约束的二阶锥变分不等式的可行性和有效性。

5.1 引 言

具有等式约束的二阶锥变分不等式问题是指：求解 $x^* \in K$ 满足

$$\langle F(x^*), y - x^* \rangle \geqslant 0, \quad \forall y \in K \tag{5.1}$$

约束集合 K 定义如下：

$$K = \{y \in \Omega \mid h(y) = 0, -g(y) \in K\}$$

其中，$F:\mathbf{R}^n \to \mathbf{R}^n$，$h:\mathbf{R}^n \to \mathbf{R}^l$，$g:\mathbf{R}^n \to \mathbf{R}^m$ 是连续可微的映射，满足 $l+m \leqslant n$，$\Omega \subset \mathbf{R}^n$ 是闭凸集，K 是二阶锥的卡氏积，表示如下：

$$K = K^{m_1} \times K^{m_2} \times \cdots \times K^{m_p}$$

其中，$m_1, m_2, \cdots, m_p$ 及 p 是正整数，$m_1 + m_2 + \cdots + m_p = m$，$K^{m_p}$ 表示空间 $\mathbf{R}^{m_p}$ 中的二阶锥。

容易看出，本章研究的具有等式约束的二阶锥变分不等式问题(5.1)与第4章所研究的问题相比，增加了等式约束条件。Sun 和 Zhang 运用具有 Armijo 线搜索的修正的牛顿法求解了该类问题，并证明该方法在一定的假设条件下具有超线性收敛速度的全局收敛性。特别地，如前所述二阶锥的定义可知，K^1 表示非负卦限锥 $\mathbf{R}^m_+$，即 $p=m$ 及 $m_1 = m_2 = \cdots = m_p = 1$。此时，具有等式约束的二阶锥变分不等式问题(5.1)就退化为被广泛研究的经典的具有等式和不等式约束的变分不等式问题，具体介绍可详见文献[19]。

与第4章研究的方法相似，首先要考虑一类特殊的具有等式约束的二阶锥优化问题，该优化问题与原始的具有等式约束的二阶锥变分不等式问题(5.1)有相同的解。然后运用该优化问题的拉格朗日函数和鞍点不等式对原始问题进行等价变换。

接下来，在该等价变换的基础上构造增广拉格朗日方法，并证明了该方法的全局收敛性。最后，运用增广拉格朗日函数求解了三个具有等式约束的二阶锥变分不等式问题，并给出了数值实验的结果，说明该方法的可行性和有效性。

本章的结构可概括如下：5.2 节中，运用拉格朗日函数、鞍点不等式及投影算子的性质对具有等式约束的二阶锥变分不等式问题(5.1)进行等价变换，这些等价变换形式为运用增广拉格朗日方法提供了基础。5.3 节中，构造具有等式约束的二阶锥变分不等式问题(5.1)的增广拉格朗日方法并证明其全局收敛性，侧重研究了具有等式约束的二阶锥变分不等式问题(5.1)的一类子问题，该子问题的增广拉格朗日方法是可行的。5.4 节中，给出了数值实验说明增广拉格朗日方法对于求解具有等式约束的二阶锥变分不等式问题(5.1)的一类子问题是可行和有效的。

5.2 具有等式约束的二阶锥变分不等式的拉格朗日函数

考虑下面特殊的具有等式约束的二阶锥优化问题：

$$\begin{cases}\min f(y)\\ \text{s.t. } h(y)=0\\ -g(y)\in K\\ y\in\Omega\end{cases}\tag{5.2}$$

其中，$K=K^{m_1}\times K^{m_2}\times\cdots\times K^{m_p}$ 由式(5.1)中的约束条件定义，$f(y)=\langle F(x^*),y-x^*\rangle$ 且 $f(y)\geqslant 0$。显然，x^* 是具有等式约束的二阶锥变分不等式问题(5.1)的解当且仅当 x^* 是 $f(y)$ 的最小值。

具有等式约束的二阶锥优化问题(5.2)的拉格朗日函数为

$$L(x^*,y,\lambda,\mu)=\langle F(x^*),y-x^*\rangle+\langle\lambda,h(y)\rangle+\langle\mu,g(y)\rangle,\quad \forall y\in\Omega,\forall\lambda\in\mathbf{R}^l,\forall\mu\in K\tag{5.3}$$

其中，y 和 λ,μ 分别表示原始变量和对偶变量。

如果 x^* 是 $f(y)=\langle F(x^*),y-x^*\rangle$ 的最小值，则点 (x^*,λ^*,μ^*) 在一定正则条件下是 $L(x^*,y,\lambda,\mu)$ 的一个鞍点。根据鞍点的性质，满足下面的不等式：

$$\begin{aligned}&\langle F(x^*),x^*-x^*\rangle+\langle\lambda,h(x^*)\rangle+\langle\mu,g(x^*)\rangle\\ &\leqslant\langle F(x^*),x^*-x^*\rangle+\langle\lambda^*,h(x^*)\rangle+\langle\mu^*,g(x^*)\rangle\\ &\leqslant\langle F(x^*),y-x^*\rangle+\langle\lambda^*,h(y)\rangle+\langle\mu^*,g(y)\rangle\end{aligned}\tag{5.4}$$

对于任意的 $y\in\Omega,\lambda\in\mathbf{R}^l,\mu\in K$ 成立。

上述不等式(5.4)的不等号左右两边经过作差计算，显然可以表示成如下形式：

$$\begin{cases} x^* \in \arg\min\{\langle F(x^*), y-x^*\rangle + \langle \lambda^*, h(y)\rangle + \langle \mu^*, g(y)\rangle \mid y \in \Omega\} \\ \lambda^* \in \arg\max\{\langle \lambda, h(x^*)\rangle \mid \lambda \in \mathbf{R}^l\} \\ \mu^* \in \arg\max\{\langle \mu, g(x^*)\rangle \mid \mu \in K\} \end{cases} \tag{5.5}$$

如果 g 与 h 都是可微的，则式(5.5)可以转换为下面的变分不等式系统：

$$\begin{cases} \langle F(x^*) + \nabla h(x^*)\lambda^* + \nabla g(x^*)\mu^*, y-x^*\rangle \geqslant 0 \\ -\langle h(x^*), \lambda-\lambda^*\rangle \geqslant 0 \\ \langle -g(x^*), \mu-\mu^*\rangle \geqslant 0 \end{cases} \tag{5.6}$$

对于任意的 $y\in\Omega, \lambda\in\mathbf{R}^l, \mu\in K$ 成立。

根据引理 1.1 投影算子的性质可将变分不等式(5.6)转化为下面的算子方程：

$$\begin{cases} x^* = \Pi_\Omega(x^* - \alpha(F(x^*) + \nabla h(x^*)\lambda^* + \nabla g(x^*)\mu^*)) \\ \lambda^* = \Pi_{\mathbf{R}^l}(\lambda^* + \alpha h(x^*)) \\ \mu^* = \Pi_K(\mu^* + \alpha g(x^*)) \end{cases} \tag{5.7}$$

其中，$\Pi_\Omega, \Pi_{\mathbf{R}^l}, \Pi_K$ 分别表示到集合 $\Omega, \mathbf{R}^l, K$ 上的投影算子，$\alpha>0$ 是一参数。

若进一步，函数 g, h 是凸的，则有下面的不等式：

$$\begin{cases} \langle \nabla h(x^*)\lambda^*, y-x^*\rangle = \langle \lambda^*, \nabla h(x^*)^{\mathrm{T}}(y-x^*)\rangle \leqslant \langle \lambda^*, h(y)-h(x^*)\rangle \\ \langle \nabla g(x^*)\mu^*, y-x^*\rangle = \langle \mu^*, \nabla g(x^*)^{\mathrm{T}}(y-x^*)\rangle \leqslant \langle \mu^*, g(y)-g(x^*)\rangle \end{cases} \tag{5.8}$$

将式(5.8)代入不等式(5.6)可以得到

$$\begin{cases} \langle F(x^*), y-x^*\rangle + \langle \lambda^*, h(y)-h(x^*)\rangle + \langle \mu^*, g(y)-g(x^*)\rangle \geqslant 0 \\ -\langle h(x^*), \lambda-\lambda^*\rangle \geqslant 0 \\ \langle -g(x^*), \mu-\mu^*\rangle \geqslant 0 \end{cases} \tag{5.9}$$

对于任意的 $y\in\Omega, \lambda\in\mathbf{R}^l, \mu\in K$ 成立。

注：综上所述，当函数 g, h 是可微且凸的映射时，由投影算子的性质可得表达式(5.4)～式(5.7)与式(5.9)是彼此等价的。

5.3　具有等式约束的二阶锥变分不等式的增广拉格朗日方法

具有等式约束的二阶锥变分不等式的增广拉格朗日方法构造如下：

设 $x^1\in\Omega$ 和 $\lambda^1\in\mathbf{R}^l, \mu^1\in K$ 分别是原始变量和拉格朗日乘子对应的初始点。若第 k 次迭代点列为 $x^k\in\Omega$ 和 $\lambda^k\in\mathbf{R}^l, \mu^k\in K$，则第 $k+1$ 次迭代点列 $x^{k+1}, \lambda^{k+1}, \mu^{k+1}$ 计算如下：

$$\begin{cases} x^{k+1} \in \arg\min\left\{\frac{1}{2}\|y-x^k\| + \alpha M(x^{k+1},y,\lambda^k,\mu^k) \mid y \in \Omega\right\} \\ \lambda^{k+1} = \Pi_{\mathbf{R}^l}(\lambda^k + \alpha h(x^{k+1})) \\ \mu^{k+1} = \Pi_K(\mu^k + \alpha g(x^{k+1})) \end{cases} \tag{5.10}$$

其中,$\alpha>0$ 是一参数及

$$M(x,y,\lambda,\mu) = \langle F(x), y-x\rangle + \frac{1}{2\alpha}\|\Pi_{\mathbf{R}^l}(\lambda+\alpha h(y))\|^2 + \frac{1}{2\alpha}\|\Pi_K(\mu+\alpha g(y))\|^2 - \frac{1}{2\alpha}\|\lambda\|^2 - \frac{1}{2\alpha}\|\mu\|^2 \tag{5.11}$$

是具有等式约束的二阶锥优化问题式(5.2)的增广拉格朗日函数。

值得注意的是在式(5.10)中的第一式 x^{k+1} 同时出现在左右两侧,说明该表达式是一个隐式方程,该隐式方程的求解是一个关键。

根据引理 1.1 投影算子的性质,式(5.10)和式(5.11)可以转化为下面的变分不等式:

$$\langle x^{k+1}-x^k+\alpha[F(x^{k+1})+\nabla h(x^{k+1})\Pi_{\mathbf{R}^l}(\lambda^k-\alpha h(x^{k+1}))+ \nabla g(x^{k+1})\Pi_K(\mu^k-\alpha g(x^{k+1}))], y-x^{k+1}\rangle \geqslant 0, \quad \forall y \in \Omega \tag{5.12}$$

$$\langle \lambda^{k+1}-\lambda^k-\alpha h(x^{k+1}), \lambda-\lambda^{k+1}\rangle \geqslant 0, \quad \forall \lambda \in \mathbf{R}^l \tag{5.13}$$

$$\langle \mu^{k+1}-\mu^k-\alpha g(x^{k+1}), \mu-\mu^{k+1}\rangle \geqslant 0, \quad \forall \mu \in K \tag{5.14}$$

下面证明具有等式约束的二阶锥变分不等式的增广拉格朗日方法式(5.10)的收敛性。

定理 5.1 设具有等式约束的二阶锥变分不等式(5.1)的解集 Ω^* 非空,$F:\mathbf{R}^n\to\mathbf{R}^n$ 是单调映射,映射 $h:\mathbf{R}^n\to\mathbf{R}^l$ 和 $g:\mathbf{R}^n\to\mathbf{R}^m$ 是可微且凸的,$\Omega\subset\mathbf{R}^n$ 是闭凸集及 $\alpha>0$。则由增广拉格朗日方法式(5.10)产生的迭代点列 $\{x^k\}$ 的聚点是具有等式约束的二阶锥变分不等式(5.1)的解。

证明: 在式(5.12)中令 $y=x^*$,再结合式(5.10)中的第二式和第三式可得

$$\langle x^{k+1}-x^k+\alpha(F(x^{k+1})+\nabla h(x^{k+1})\lambda^{k+1}+\nabla g(x^{k+1})\mu^{k+1}), x^*-x^{k+1}\rangle \geqslant 0$$

继续展开整理可以得到

$$\langle x^{k+1}-x^k, x^*-x^{k+1}\rangle + \alpha\langle F(x^{k+1}), x^*-x^{k+1}\rangle + \alpha\langle \nabla h(x^{k+1})\lambda^{k+1}, x^*-x^{k+1}\rangle + \alpha\langle \nabla g(x^{k+1})\mu^{k+1}, x^*-x^{k+1}\rangle \geqslant 0 \tag{5.15}$$

由于映射 $h:\mathbf{R}^n\to\mathbf{R}^l$ 和 $g:\mathbf{R}^n\to\mathbf{R}^m$ 是可微且凸的,则有

$$\begin{cases} \langle \nabla h(x^{k+1})\lambda^{k+1}, x^*-x^{k+1}\rangle = \langle \lambda^{k+1}, \nabla h(x^{k+1})^{\mathrm{T}}(x^*-x^{k+1})\rangle \leqslant \langle \lambda^{k+1}, h(x^*)-h(x^{k+1})\rangle \\ \langle \nabla g(x^{k+1})\mu^{k+1}, x^*-x^{k+1}\rangle = \langle \mu^{k+1}, \nabla g(x^{k+1})^{\mathrm{T}}(x^*-x^{k+1})\rangle \leqslant \langle \mu^{k+1}, g(x^*)-g(x^{k+1})\rangle \end{cases} \tag{5.16}$$

因此将不等式(5.16)代入不等式(5.15)中可以得到

$$\langle x^{k+1}-x^k,x^*-x^{k+1}\rangle+\alpha\langle F(x^{k+1}),x^*-x^{k+1}\rangle+$$
$$\alpha\langle\lambda^{k+1},h(x^*)-h(x^{k+1})\rangle+\alpha\langle\mu^{k+1},g(x^*)-g(x^{k+1})\rangle\geqslant 0 \tag{5.17}$$

在式(5.9)的第一式中令 $y=x^{k+1}$，则

$$\langle F(x^*),x^{k+1}-x^*\rangle+\langle\lambda^*,h(x^{k+1})-h(x^*)\rangle+\langle\mu^*,g(x^{k+1})-g(x^*)\rangle\geqslant 0 \tag{5.18}$$

将式(5.17)和式(5.18)相加可得

$$\langle x^{k+1}-x^k,x^*-x^{k+1}\rangle+\alpha\langle F(x^{k+1})-F(x^*),x^*-x^{k+1}\rangle+$$
$$\alpha\langle\lambda^{k+1}-\lambda^*,h(x^*)-h(x^{k+1})\rangle+\alpha\langle\mu^{k+1}-\mu^*,g(x^*)-g(x^{k+1})\rangle\geqslant 0 \tag{5.19}$$

在式(5.13)中令 $\lambda=\lambda^*$，在式(5.14)中令 $\mu=\mu^*$，又由于 $\langle\lambda^{k+1},h(x^*)\rangle\leqslant 0$，$\langle\mu^{k+1},g(x^*)\rangle\leqslant 0$ 及 $\langle\lambda^*,h(x^*)\rangle=0$，$\langle\mu^*,g(x^*)\rangle=0$ 可以得到

$$\begin{cases}\langle\lambda^{k+1}-\lambda^k,\lambda^*-\lambda^{k+1}\rangle-\alpha\langle h(x^{k+1})-h(x^*),\lambda^*-\lambda^{k+1}\rangle\geqslant 0\\ \langle\mu^{k+1}-\mu^k,\mu^*-\mu^{k+1}\rangle-\alpha\langle g(x^{k+1})-g(x^*),\mu^*-\mu^{k+1}\rangle\geqslant 0\end{cases} \tag{5.20}$$

又因为 $F:\mathbf{R}^n\to\mathbf{R}^n$ 是单调映射，再将式(5.20)与式(5.19)相加可以得到

$$\langle x^{k+1}-x^k,x^*-x^{k+1}\rangle+\langle\lambda^{k+1}-\lambda^k,\lambda^*-\lambda^{k+1}\rangle+\langle\mu^{k+1}-\mu^k,\mu^*-\mu^{k+1}\rangle\geqslant 0 \tag{5.21}$$

根据内积与范数的关系：对任意的 $x_1,x_2,x_3\in\mathbf{R}^n$，有

$$\|x_1-x_3\|^2=\|x_1-x_2\|^2+2\langle x_1-x_2,x_2-x_3\rangle+\|x_2-x_3\|^2$$

即

$$\langle x_1-x_2,x_2-x_3\rangle=\frac{1}{2}\|x_1-x_3\|^2-\frac{1}{2}(\|x_1-x_2\|^2+\|x_2-x_3\|^2) \tag{5.22}$$

由式(5.22)的关系，式(5.21)可计算如下：

$$\|x^{k+1}-x^k\|^2+\|x^*-x^{k+1}\|^2+\|\lambda^{k+1}-\lambda^k\|^2+\|\lambda^*-\lambda^{k+1}\|^2+$$
$$\|\mu^{k+1}-\mu^k\|^2+\|\mu^*-\mu^{k+1}\|^2\leqslant\|x^*-x^k\|^2+\|\lambda^*-\lambda^k\|^2+\|\mu^*-\mu^k\|^2 \tag{5.23}$$

将式(5.23)不等号两边从 $k=0$ 到 $k=N$ 相加可得

$$\sum_{k=0}^{N}\|x^{k+1}-x^k\|^2+\sum_{k=0}^{N}\|\lambda^{k+1}-\lambda^k\|^2+\sum_{k=0}^{N}\|\mu^{k+1}-\mu^k\|^2+\|x^{N+1}-x^*\|^2+$$
$$\|\lambda^{N+1}-\lambda^*\|^2+\|\mu^{N+1}-\mu^*\|^2\leqslant\|x^0-x^*\|^2+\|\lambda^0-\lambda^*\|^2+\|\mu^0-\mu^*\|^2 \tag{5.24}$$

根据式(5.24)显然有

$$\|x^{N+1}-x^*\|^2+\|\lambda^{N+1}-\lambda^*\|^2+\|\mu^{N+1}-\mu^*\|^2\leqslant$$
$$\|x^0-x^*\|^2+\|\lambda^0-\lambda^*\|^2+\|\mu^0-\mu^*\|^2 \tag{5.25}$$

可知序列 $\{x^k,\lambda^k,\mu^k:k=1,2,\cdots\}$ 是有界的，且下面的级数收敛，即有

$$\sum_{k=0}^{\infty} \| x^{k+1} - x^k \|^2 < \infty, \sum_{k=0}^{\infty} \| \lambda^{k+1} - \lambda^k \|^2 < \infty, \sum_{k=0}^{\infty} \| \mu^{k+1} - \mu^k \|^2 < \infty \tag{5.26}$$

根据级数收敛的性质，当 $k \to \infty$ 时有 $\| x^{k+1} - x^k \|^2 \to 0$，$\| \lambda^{k+1} - \lambda^k \|^2 \to 0$，$\| \mu^{k+1} - \mu^k \|^2 \to 0$。由于序列 $\{x^k\}$，$\{\lambda^k\}$ 和 $\{\mu^k\}$ 是有界的，因此存在子列 $\{x^{k_i}\}$，$\{\lambda^{k_i}\}$ 和 $\{\mu^{k_i}\}$ 和 x'，λ' 和 μ'，当 $i \to \infty$ 时，有 $x^{k_i} \to x'$，$\lambda^{k_i} \to \lambda'$ 和 $\mu^{k_i} \to \mu'$，同时下式成立：

$$\| x^{k_i+1} - x^{k_i} \|^2 \to 0, \| \lambda^{k_i+1} - \lambda^{k_i} \|^2 \to 0, \| \mu^{k_i+1} - \mu^{k_i} \|^2 \to 0$$

在式(5.12)～式(5.14)中取 $k = k_i$，令 $i \to \infty$ 取极限，则

$$\begin{cases} \langle F(x') + \nabla h(x')\lambda' + \nabla g(x')\mu', y - x' \rangle \geqslant 0, & \forall y \in \Omega \\ -\langle h(x'), \lambda - \lambda' \rangle \geqslant 0, & \forall \lambda \in \mathbf{R}^l \\ \langle -g(x^*), \mu - \mu^* \rangle \geqslant 0, & \forall \mu \in K \end{cases} \tag{5.27}$$

综上所述，式(5.27)与式(5.7)关系一致。因此有 $x' \in \Omega^*$，$\lambda' \in \mathbf{R}^l$ 和 $\mu' \in K$ 满足：

$$\begin{cases} x' \in \arg\min\{\langle F(x'), y - x' \rangle + \langle \lambda', h(y) \rangle + \langle \mu', g(y) \rangle \mid y \in \Omega\} \\ \lambda' \in \arg\max\{\langle \lambda, h(x') \rangle \mid \lambda \in \mathbf{R}^l\} \\ \mu' \in \arg\max\{\langle \mu, g(x') \rangle \mid \mu \in K\} \end{cases}$$

根据5.2节的讨论可知序列 $\{x^k\}$ 的聚点 x' 是具有等式约束的二阶锥变分不等式(5.1)的解。证毕。

具有等式约束的二阶锥变分不等式的增广拉格朗日方法式(5.10)中的第一式是隐式方程，但不易求解。当约束集合 $\Omega = \mathbf{R}^n$ 时，该方法可以简化为

$$\begin{cases} G^k(x^{k+1}) = 0 \\ \lambda^{k+1} = \Pi_{\mathbf{R}^l}(\lambda^k + \alpha h(x^{k+1})) \\ \mu^{k+1} = \Pi_K(\mu^k + \alpha g(x^{k+1})) \end{cases} \tag{5.28}$$

其中，$\alpha > 0$ 是一参数及

$$G^k(x) = x - x^k + \alpha F(x) + \alpha \nabla h(x) \Pi_{\mathbf{R}^l}(\lambda^k + \alpha h(x)) + \alpha \nabla g(x) \Pi_K(\mu^k + \alpha g(x))$$

由于投影算子 $\Pi_{\mathbf{R}^l}$ 和 Π_K 是半光滑的，因此映射 $G^k(\cdot)$ 也是半光滑的。如果 $\partial G^k(x^{k+1})$ 中的元素都是非奇异的，且 x^k 和 x^{k+1} 非常接近，则可用下面的非精确牛顿法求解式(5.28)中的第一式，具体步骤如下：

① 令 $\xi^0 = x^k$，选取非负参数列 $\{\eta_j\}$ 且 $j = 0$。

② 若 $G^k(\xi^j) = 0$，停止；否则，令 $x^{k+1} = \xi^j$。

③ 选取 $H^j \in \partial G^k(\xi^j)$。计算搜索方向 $d^j \in \mathbf{R}^n$ 满足

$$G^k(\xi^j) + H^j d^j = r^j$$

其中，$r^j \in \mathbf{R}^n$ 是一个向量，满足 $\| r^j \| \leqslant \eta_j \| G^k(\xi^j) \|$，且 η_j 是一个非负数。

④ 令 $\xi^{j+1} = \xi^j + d^j$ 及 $j = j + 1$，转到步骤②。

注：事实上，步骤②的停止准则 $G^k(\xi^j)=0$ 通常由 $G^k(\xi^j)\leqslant\varepsilon_0$ 来计算，其中 $\varepsilon_0>0$ 是精度。

5.4 数值实验

增广拉格朗日方法式(5.28)的终止准则为

$$s_k:=\|F(x^k)+\mathrm{J}g(x^k)^{\mathrm{T}}\mu^k\|\leqslant\varepsilon_1 \tag{5.29}$$

本数值实验应用 MATLAB 2019b 软件，计算机的配置是 Intel Pentimu IV 2.02 GHz CPU。

例 5.1　考虑下面的具有等式约束的二阶锥变分不等式问题：

$$\langle F(x^*),y-x^*\rangle\geqslant 0,\quad \forall y\in K$$

其中，集合 K 定义如下：

$$K=\{y\in\mathbf{R}^n\,|\,h(y)=0,-g(y)\in K\}$$

$\boldsymbol{F}(x)=\begin{pmatrix}x_1+\mathrm{e}^{x_1}\\ \vdots\\ x_n+\mathrm{e}^{x_n}\end{pmatrix}$，$h(y)=\boldsymbol{B}y$，$g(y)=\boldsymbol{A}y$，其中矩阵 $\boldsymbol{A}$，$\boldsymbol{B}$ 是随机产生的符合条件的矩阵。

在此例中，令 $\varepsilon_0=10^{-9}$，$\varepsilon_1=10^{-7}$，$\alpha=0.4$ 及 $\eta_j=\dfrac{1}{2^j}(j=0,1,2,\cdots)$，在非精确牛顿法中的第 j 次广义 Jacibian H^j 表示如下：

$$H^j=\boldsymbol{I}_n+\alpha\boldsymbol{B}^2+\alpha\,\mathrm{diag}_{1\leqslant i\leqslant n}\,[1+\mathrm{e}_i^j]+\alpha\boldsymbol{Q}^j$$

下面计算 $\boldsymbol{Q}^j$。记 $\gamma=\sqrt{(\mu_2+\alpha\boldsymbol{A}\mathrm{e}^{y_2})^2+\cdots+(\mu_n+\alpha\boldsymbol{A}\mathrm{e}^{y_n})^2}$，其中 μ_i $(i=1,2,\cdots,n)$ 表示增广拉格朗日方法中乘子 μ 的分量。

$\boldsymbol{Q}^j$ 的(1,1)元 Q_{11}^j 表示如下：

$$Q_{11}^j=\begin{cases}\dfrac{1}{2}\alpha\boldsymbol{A}^2, & |x_1|<\|\bar{x}\|\\ \alpha\boldsymbol{A}^2, & \|\bar{x}\|\leqslant x_1\\ 0, & \|\bar{x}\|\leqslant -x_1\end{cases}$$

$\boldsymbol{Q}^j$ 的对角线元素 $Q_{ii}^j(i=2,3,\cdots,n)$ 有如下表达式：

$$Q_{ii}^j=\begin{cases}\dfrac{1}{2}\alpha\boldsymbol{A}^2\left(1+\dfrac{\mu_1+\alpha\boldsymbol{A}y_1}{\gamma}\right)+\dfrac{1}{2}\alpha\boldsymbol{A}^2\,\dfrac{(\mu_1+\alpha\boldsymbol{A}y_1)(\mu_i+\alpha\boldsymbol{A}y_i)^2}{\gamma^3}, & |x_1|<\|\bar{x}\|\\ \alpha\boldsymbol{A}^2, & \|\bar{x}\|\leqslant x_1\\ 0, & \|\bar{x}\|\leqslant -x_1\end{cases}$$

$\boldsymbol{Q}^j$ 的第一行元素 $C_{1k}^j(k=2,3,\cdots,n)$ 表达式如下：

$$C_{1k}^j=\begin{cases}\dfrac{1}{2}\alpha\boldsymbol{A}^2\ \dfrac{(\mu_k+\alpha\boldsymbol{A}y_k)}{\gamma}, & |x_1|<\|\bar{x}\|\\0, & \|\bar{x}\|\leqslant x_1\\0, & \|\bar{x}\|\leqslant -x_1\end{cases}$$

计算 $\boldsymbol{Q}^j$ 的第一列元素 $C_{i1}^j(i=2,3,\cdots,n)$ 的表达式：

$$C_{i1}^j=\begin{cases}\dfrac{1}{2}\alpha\boldsymbol{A}^2\ \dfrac{(\mu_i+\alpha\boldsymbol{A}y_i)}{\gamma}, & |x_1|<\|\bar{x}\|\\0, & \|\bar{x}\|\leqslant x_1\\0, & \|\bar{x}\|\leqslant -x_1\end{cases}$$

$\boldsymbol{Q}^j$ 的其他元素 $C_{ik}^j(i,k=2,3,\cdots,n$ 且 $i\neq k)$ 的表达式：

$$Q_{ik}^j=\begin{cases}\dfrac{1}{2}\alpha\boldsymbol{A}^2\ \dfrac{(\mu_1+\alpha\boldsymbol{A}y_1)(\mu_i+\alpha\boldsymbol{A}y_i)}{\gamma^3}(\mu_k+\alpha\boldsymbol{A}y_k), & |x_1|<\|\bar{x}\|\\0, & \|\bar{x}\|\leqslant x_1\\0, & \|\bar{x}\|\leqslant -x_1\end{cases}$$

本例的数值结果如表 5.1 所列，其中 k 表示外层算法的迭代次数，“Time” 表示增广拉格朗日方法式(5.28)满足终止准则式(5.29)的 CPU 计算时间，其单位是秒(s)。

表 5.1　例 5.1 的数值计算结果

n	m	K	k	Time/s	s_k	ε_0	ε_1
600	600	$K^{300}\times K^{300}$	22	3.237 500e+01	6.723 023e−08	10^{-9}	10^{-7}
1 000	1 000	$K^{500}\times K^{500}$	23	1.338 125e+02	5.842 333e−08	10^{-9}	10^{-7}
1 200	1 200	$K^{400}\times K^{400}\times K^{400}$	23	2.228 906e+02	8.900 186e−08	10^{-9}	10^{-7}

例 5.2　考虑下面的具有等式约束的二阶锥变分不等式：

$$\langle \boldsymbol{M}x^*+\frac{1}{2}x^*,\boldsymbol{y}-x^*\rangle\geqslant 0,\quad \forall\boldsymbol{y}\in K$$

其中，集合 K 定义如下：

$$K=\{\boldsymbol{y}\in\mathbf{R}^n\,|\,h(\boldsymbol{y})=0,-g(\boldsymbol{y})\in K\}$$

其中，$\boldsymbol{M}$ 是一个正半定矩阵，$h(\boldsymbol{y})=\boldsymbol{B}\boldsymbol{y}$，$g(\boldsymbol{y})=\boldsymbol{y}\circ\boldsymbol{y}$ 是向量 $\boldsymbol{y}$ 与 $\boldsymbol{y}$ 的约当积，$\boldsymbol{B}$ 是随机产生的符合条件的矩阵。

在此例中，取 $\varepsilon_0=10^{-9}$，$\varepsilon_1=10^{-7}$，$\alpha=0.1$ 及 $\eta_j=\dfrac{1}{2^j}(j=0,1,2,\cdots)$，非精确的半光滑牛顿法中第 j 次迭代中的广义 Jacibian H^j 的表达式如下：

$$H^j=\boldsymbol{I}_n+\alpha\boldsymbol{B}^2+\alpha\left(\boldsymbol{M}+\frac{1}{2}\boldsymbol{I}_n\right)+\frac{1}{2}\alpha\boldsymbol{Q}^j$$

接下来计算 Q_j。

记

$$\gamma=\sqrt{[\mu_2+\alpha(y_1\mu_2+\mu_1 y_2)]^2+\cdots+[\mu_n+\alpha(y_1\mu_n+\mu_1 y_n)]^2}$$

和

$$\sigma=[\mu_2+\alpha(y_1\mu_2+\mu_1 y_2)]\mu_2+\cdots+[\mu_n+\alpha(y_1\mu_n+\mu_1 y_n)]\mu_n$$

其中，$\mu_i\ (i=1,2,\cdots,n)$ 表示增广拉格朗日方法中乘子 μ 的分量。则有 Q_j 的 (1,1)元 Q_{11}^j 表示如下：

$$Q_{11}^j=\begin{cases}\dfrac{\alpha\sigma\mu_1}{2\gamma}+\dfrac{1}{2}\alpha(\mu_1^2+\cdots+\mu_n^2)+\dfrac{\mu_1+\alpha(y_1\mu_1+\cdots+y_n\mu_n)}{2\gamma}+ \\ \alpha\sigma\dfrac{\mu_1\gamma^2+(\mu_1+\alpha[y_1\mu_1+\cdots+y_n\mu_n)]\sigma}{2\gamma^3}, & |x_1|<\|\bar{x}\| \\ \alpha(\mu_1^2+\mu_2^2+\cdots+\mu_n^2), & \|\bar{x}\|\leqslant x_1 \\ 0, & \|\bar{x}\|\leqslant -x_1\end{cases}$$

Q_j 的对角元素 $Q_{ii}^j\ (i=2,3,\cdots,n)$ 计算如下：

$$Q_{ii}^j=\begin{cases}\dfrac{\alpha\mu_0}{2}\,\dfrac{\mu_i\gamma^2+[\mu_1+\alpha(y_1\mu_1+\cdots+y_n\mu_n)][\mu_i+\alpha(y_1\mu_i+\mu_1 y_i)]^2\mu_1}{\gamma^3}+ \\ \dfrac{\alpha\mu_i}{2}\left(\mu_i+\dfrac{\mu_i+\alpha(y_1\mu_i+\cdots+y_i\mu_1)\mu_0}{\gamma}\right)+ \\ \dfrac{\alpha\mu_0^2}{2}\left(1+\dfrac{\mu_1+\alpha(y_1\mu_1+\cdots+y_n\mu_n)}{\gamma}\right), & |x_1|<\|\bar{x}\| \\ \alpha(\mu_1^2+\mu_i^2), & \|\bar{x}\|\leqslant x_1 \\ 0, & \|\bar{x}\|\leqslant -x_1\end{cases}$$

Q_j 的第一行元素 $C_{1k}^j\ (k=2,3,\cdots,n)$ 计算如下：

$$Q_{1k}^j=\begin{cases}\dfrac{\alpha\mu_k\sigma}{2\gamma}+\dfrac{\alpha\mu_1\mu_k}{2}\left(\dfrac{1}{\alpha}+1+\dfrac{\mu_1+\alpha(y_1\mu_1+y_n\mu_n)}{\gamma}\right)+ \\ \dfrac{\alpha\mu_1}{2}\,\dfrac{\mu_1\gamma^2+[\mu_1+\alpha(y_1\mu_1+\cdots+y_n\mu_n)]\sigma}{\gamma^3}\times \\ (\mu_j+\alpha(y_1\mu_k+y_k\mu_1)), & |x_1|<\|\bar{x}\| \\ 2\alpha\mu_1\mu_k, & \|\bar{x}\|\leqslant x_1 \\ 0, & \|\bar{x}\|\leqslant -x_1\end{cases}$$

Q_j 的第一列元素 $Q_{i1}^j\ (k=2,3,\cdots,n)$ 表达如下：

$$Q_{i1}^{j}=\begin{cases}\frac{1}{2}\alpha\mu_1\frac{\mu_i+\alpha(y_1\mu_i+\mu_1y_i)}{\gamma}+\\ \frac{\alpha}{2}\left(1+\frac{[\mu_1+\alpha(y_1\mu_1+\cdots+\mu_ny_n)]}{\gamma}\right)\mu_1\mu_i+\frac{1}{2}\mu_1\mu_i+\\ \alpha\sigma\frac{\mu_i\gamma^2+(\mu_1+\alpha(y_1\mu_1+\cdots+y_n\mu_n))(\mu_i+\alpha(y_1\mu_i+y_i\mu_1))\mu_1}{\gamma^3}, & |x_1|<\|\bar{x}\|\\ 2\alpha\mu_1\mu_i, & \|\bar{x}\|\leqslant x_1\\ 0, & \|\bar{x}\|\leqslant -x_1\end{cases}$$

Q_j 的其他元素 $C_{ik}^{j}(i,k=2,3,\cdots,n$ 且 $i\neq k)$ 的表达式如下：

$$Q_{ik}^{j}=\begin{cases}\frac{\alpha\mu_1}{2}\frac{\mu_i\gamma^2+[\mu_1+\alpha(y_1\mu_1+\mu_ny_n)][\mu_k+\alpha(y_1\mu_k+\mu_1y_k)]\mu_1}{\gamma^3}\times\\ [\mu_k+\alpha(y_1\mu_k+\mu_1y_k)]+\frac{\alpha\mu_k}{2}+\\ \frac{(\mu_i+\alpha(y_1\mu_i+\cdots+y_i\mu_1))\mu_1}{\gamma}+\frac{\mu_i\mu_k}{2}, & |x_1|<\|\bar{x}\|\\ 2\alpha\mu_i\mu_1, & \|\bar{x}\|\leqslant x_1\\ 0, & \|\bar{x}\|\leqslant -x_1\end{cases}$$

本例的数值结果如表 5.2 所列，其中 k 表示增广拉格朗日方法式(5.28)的外层算法的迭代次数，“Time”表示该算法式(5.28)满足终止准则式(5.29)的 CPU 计算时间，其单位是秒(s)。

表 5.2 例 5.2 的数值计算结果

n	m	K	k	Time/s	s_k	ε_0	ε_1
600	600	$K^{300}\times K^{300}$	23	8.640 625e+01	9.919 727e−08	10^{-9}	10^{-7}
1 000	1 000	$K^{500}\times K^{500}$	25	2.314 063e+01	9.532 350e−08	10^{-9}	10^{-7}
1 200	1 200	$K^{400}\times K^{400}\times K^{400}$	25	3.398 438e+01	9.806 574e−08	10^{-9}	10^{-7}

例 5.3 考虑下面的具有等式约束的二阶锥变分不等式：

$$\langle \boldsymbol{A}x^*+b, y-x^*\rangle\geqslant 0,\quad \forall y\in K$$

其中，集合 K 定义如下：

$$K=\{y\in\mathbf{R}^n\mid h(y)=0,-g(y)\in K\}$$

$\boldsymbol{A}$ 是一个正半定矩阵，$g(y)=\begin{pmatrix}y_1e^{y_1}\\ \vdots\\ y_ne^{y_n}\end{pmatrix}$，$h(y)=\boldsymbol{B}y$，$\boldsymbol{B}$ 是随机产生的符合条件的矩阵。

在此例中，取 $\varepsilon_0=10^{-9}$，$\varepsilon_1=10^{-7}$，$\alpha=0.1$ 及 $\eta_j=\dfrac{1}{2^j}(j=0,1,2,\cdots)$，非精确的半光滑牛顿法中第 j 次迭代中的广义 Jacibian H^j 的表达式如下：

$$H^j=\boldsymbol{I}_n+\alpha\boldsymbol{B}^2+\alpha\boldsymbol{A}+\alpha\boldsymbol{Q}^j$$

可以如下计算 $\boldsymbol{Q}^j$：令 $\gamma=\sqrt{(\mu_2+\alpha y_2 e^{y_2})^2+\cdots+(\mu_n+\alpha y_n e^{y_n})^2}$，其中 μ_i $(i=1,2,\cdots,n)$表示增广拉格朗日方法中乘子 μ 的分量。

$\boldsymbol{Q}^j$ 的(1,1)元表示如下：

$$Q_{11}^j=\begin{cases}\dfrac{\alpha\gamma(1+y_i)e^{y_i}}{2}\left(1+\dfrac{\mu_1+\alpha y_i e^{y_i}}{\gamma}\right)+\alpha(1+y_1)^2e^{2y_1}, & |x_1|<\|\bar{x}\|\\ (2+y_1)e^{y_1}(\mu_1+\alpha y_1 e^{y_1})e^{y_1}+\alpha(1+y_1)^2e^{2y_1}, & \|\bar{x}\|\leqslant x_1\\ 0, & \|\bar{x}\|\leqslant -x_1\end{cases}$$

$\boldsymbol{Q}^j$ 的对角线元素 $Q_{ii}^j(i=2,3,\cdots,n)$的表达式如下：

$$Q_{ii}^j=\begin{cases}\dfrac{(2+y_i)e^{y_i}}{2}\left(1+\dfrac{\mu_1+\alpha y_1 e^{y_1}}{\gamma}\right)(\mu_i+\alpha y_i e^{y_i})+\\ \dfrac{\alpha(1+y_i)e^{y_i}}{2}\left[\dfrac{(\mu_1+\alpha y_1 e^{y_1})(\mu_i+\alpha y_i e^{y_i})^2(1+y_i e^{y_i})}{\gamma^3}+\right.\\ \left.\left(1+\dfrac{\mu_1+\alpha y_1 e^{y_1}}{\gamma}\right)(1+y_i e^{y_i})\right], & |x_1|<\|\bar{x}\|\\ (2+y_1)e^{y_1}(\mu_1+\alpha y_1 e^{y_1})+\alpha(1+y_1)^2e^{2y_1}, & \|\bar{x}\|\leqslant x_1\\ 0, & \|\bar{x}\|\leqslant -x_1\end{cases}$$

$\boldsymbol{Q}^j$ 的第一行元素 $C_{1k}^j(k=2,3,\cdots,n)$计算如下：

$$Q_{1k}^j=\begin{cases}\dfrac{\alpha(1+y_k)e^{y_k}(1+y_1)e^{y_1}}{2\gamma}(\mu_k+\alpha y_k e^{y_k}), & |x_1|<\|\bar{x}\|\\ \alpha(1+y_k)^3e^{y_k}e^{2y_1}, & \|\bar{x}\|\leqslant x_1\\ 0, & \|\bar{x}\|\leqslant -x_1\end{cases}$$

$\boldsymbol{Q}^j$ 的第一列元素 $C_{i1}^j(i=2,3,\cdots,n)$计算如下：

$$Q_{i1}^j=\begin{cases}\dfrac{\alpha(1+y_1)e^{y_1}(1+y_i)e^{y_i}}{2\gamma}(\mu_i+\alpha y_i e^{y_i}), & |x_1|<\|\bar{x}\|\\ 0, & \|\bar{x}\|\leqslant x_1\\ 0, & \|\bar{x}\|\leqslant -x_1\end{cases}$$

$\boldsymbol{Q}^j$ 的其他元素 $Q_{ik}^j(i,k=2,3,\cdots,n$ 但 $i\neq k)$计算如下：

$$Q_{ik}^{j}=\begin{cases}\dfrac{(1+y_i)\,e^{y_i}}{2}\,\dfrac{(\mu_1+\alpha y_1 e^{y_1})(\mu_k+\alpha y_k e^{y_k})^2(1+y_i e^{y_i})}{\gamma^3}, & |x_1|<\|\bar{x}\| \\ 0, & \|\bar{x}\|\leqslant x_1 \\ 0, & \|\bar{x}\|\leqslant -x_1\end{cases}$$

本例的数值结果如表 5.3 所列，其中 k 表示增广拉格朗日方法式(5.28)的外层算法的迭代次数，“Time”表示该算法式(5.28)满足终止准则式(5.29)的 CPU 计算时间，其单位是秒(s)。

表 5.3　例 5.3 的数值计算结果

n	m	K	k	Time/s	s_k	ε_0	ε_1
600	600	$K^{300}\times K^{300}$	20	1.595 016e+03	4.254 814e−08	10^{-9}	10^{-7}
800	800	$K^{400}\times K^{400}$	20	4.264 734e+03	4.945 300e−08	10^{-9}	10^{-7}
1 000	1 000	$K^{500}\times K^{500}$	20	9.394 984e+02	5.553 522e−08	10^{-9}	10^{-7}

以上三个算例说明了增广拉格朗日方法求解具有等式约束的二阶锥变分不等式 (5.1)是可行和有效的。

5.5　本章小结

本章所研究的具有等式约束的二阶锥变分不等式问题(5.1)是对经典的等式和不等式约束的变分不等式问题的推广。与 Sun 和 Zhang 对问题(5.1)的研究方法相比较，其条件比较简单，只需运用到投影算子，而投影算子是半光滑的，因此在算法的实现上也易于操作。通过对与问题(5.1)有相同解的特殊的优化问题的研究，运用该优化问题的拉格朗日函数得到一个鞍点问题，然后通过运用投影算子的性质得到与原始的变分不等式问题(5.1)等价的几个表达形式。在此基础上建立了增广拉格朗日方法，并证明了该方法的全局收敛性。最后，证明了当约束条件中的 $\Omega=\mathbf{R}^n$ 时的子问题的增广拉格朗日方法是可行的，通过数值实验说明了增广拉格朗日方法求解具有等式约束的二阶锥变分不等式(5.1)的可行性和有效性。

第6章 二阶锥双约束的变分不等式的可行增广拉格朗日方法

本章首先提出了一类新的二阶锥双约束的变分不等式问题,该问题是对双约束变分不等式问题的推广。运用对称函数的性质,该问题可视为一类特殊的最优化问题,运用该优化问题的拉格朗日函数可以得到一类鞍点不等式,基于投影算子的性质可以得到与二阶锥双约束的变分不等式等价的一系列表示。在此基础上建立了增广拉格朗日方法,并证明了该方法的全局收敛性。然后着重实现了该类变分不等式的子问题的增广拉格朗日方法,此时增广拉格朗日方法的内层迭代是求解半光滑方程组,可以运用非精确的半光滑牛顿法求解这些半光滑方程。最后,给出了内层迭代用非精确的半光滑牛顿法求解的增广拉格朗日方法来计算三个二阶锥双约束的变分不等式问题的数值实验。

6.1 引 言

二阶锥双约束的变分不等式问题是指:求解 $x^* \in \Omega$ 满足

$$\langle F(x^*), y - x^* \rangle \geqslant 0, \quad \forall y \in C \tag{6.1}$$

其中,约束集合 C 表示如下:

$$C = \{y \in \Omega \mid -g(x^*, y) \in K\}$$

$F:\mathbf{R}^n \to \mathbf{R}^n$,$g:\mathbf{R}^n \times \mathbf{R}^n \to \mathbf{R}^m$,$\Omega \subseteq \mathbf{R}^n$ 是凸闭集及

$$K = K^{m_1} \times K^{m_2} \times \cdots \times K^{m_p}$$

此处 $m_1, m_2, \cdots, m_p$ 均是正整数,且 $\sum_{i=1}^{p} m_i = m$,每一个 K^{m_i} 表示 m_i 维的二阶锥。

本章,将运用增广拉格朗日方法求解二阶锥双约束的变分不等式问题(6.1)。基于双约束条件的限制,根据对称函数的性质,可以将原问题(6.1)转化为一个特殊的优化问题。根据该优化问题的拉格朗日函数的鞍点不等式及投影算子的性质,可以将二阶锥双约束的变分不等式问题进行不同形式的等价变换。在这些等价表达形式的基础上,建立了增广拉格朗日方法求解问题(6.1)。当约束集合 C 中的 $\Omega = \mathbf{R}^n$ 时,增广拉格朗日方法是可实现的。此时,增广拉格朗日方法中的内层算法是求解半光滑方程,可以运用半光滑牛顿法对其进行求解,说明所提出的增广拉格朗日方法是可行的,最后给出了三个数值算例说明方法的有效性。

本章的结构可概括如下:6.2节中,将运用对称函数的定义和性质对二阶锥双约束的变分不等式问题(6.1)进行等价变换,这些等价变换形式为运用增广拉格朗日方

法提供了基础。6.3 节中，构造了二阶锥双约束的变分不等式问题(6.1)的增广拉格朗日方法，并证明了其全局收敛性。当约束集合中 $\Omega=\mathbf{R}^n$ 时，增广拉格朗日方法中的内层迭代中的隐式方程可以转化为一个含有投影算子的方程，而由于投影算子是半光滑的，因此运用牛顿法求解该方程，此时增广拉格朗日方法是可行的。6.4 节中，给出了数值实验说明增广拉格朗日方法对于求解问题(6.1)中 $\Omega=\mathbf{R}^n$ 时的子问题是可行和有效的。

6.2 二阶锥双约束的变分不等式的等价表示

二阶锥双约束的变分不等式问题(5.1)可以看作特殊的函数 $f(y)=\langle F(x^*),y-x^*\rangle$ 且 $f(y)\geqslant 0$ 在集合 $C=\{y\in\Omega \mid -g(x^*,y)\in K\}$ 上的最小值问题。显然，这两个问题的解是相同的。定义该优化问题的拉格朗日函数如下：

$$L(x^*,y,p)=\langle F(x^*),y-x^*\rangle+\langle p,g(x^*,y)\rangle,\quad \forall y\in\Omega,\quad \forall p\in K$$

其中，x^* 是二阶锥双约束的变分不等式问题(5.1)的解，y 和 p 分别是原始变量和对偶变量。由于 x^* 是 $f(y)$ 在集合 Ω 上的最小值点，根据鞍点定理，(x^*,p^*) 是拉格朗日函数 $L(x^*,y,p)$ 的鞍点，则满足下面的不等式：

$$L(x^*,x^*,p)\leqslant L(x^*,x^*,p^*)\leqslant L(x^*,y,p^*),\ \forall y\in\Omega,\quad \forall p\in K \tag{6.2}$$

容易将不等式(6.2)表示成下面的形式：

$$\begin{cases} x^*\in\arg\min\{\langle F(x^*),y-x^*\rangle+\langle p^*,g(x^*,y)\rangle \mid y\in\Omega\} \\ p^*\in\arg\max\{\langle p,g(x^*,x^*)\rangle \mid p\in K\} \end{cases} \tag{6.3}$$

如果 $g(x,y)$ 关于变量 y 对任意的 x 都是可微的，则式(6.3)可以转化为

$$\begin{cases} \langle F(x^*)+\nabla_y g(x^*,x^*)p^*,y-x^*\rangle\geqslant 0, & \forall y\in\Omega \\ \langle p-p^*,-g(x^*,x^*)\rangle\geqslant 0, & \forall p\in K \end{cases} \tag{6.4}$$

应用引理 1.1，上述的变分不等式形式可以转化成下面的投影算子的方程：

$$\begin{cases} x^*=\Pi_\Omega(x^*-\alpha(F(x^*)+\nabla_y g(x^*,x^*)p^*)) \\ p^*=\Pi_K(p^*+\alpha g(x^*,x^*)) \end{cases} \tag{6.5}$$

其中，$\Pi_\Omega(\cdot)$ 和 $\Pi_K(\cdot)$ 分别是到集合 Ω 和由式(5.1)定义的二阶锥 K 上的投影算子，$\alpha>0$ 是一参量。

式(6.4)中的第一个不等式可如下展开：

$$\langle F(x^*),y-x^*\rangle+\langle p^*,\nabla_y^{\mathrm{T}} g(x^*,x^*)y-x^*\rangle\geqslant 0,\quad \forall y\in\Omega \tag{6.6}$$

若向量值函数 $g|_{x=y}$ 是凸的，在根据对称函数 g 的性质 1.2，式(6.6)中不等号左边的第二项可如下变化：

$$\langle p^*,\nabla_y^{\mathrm{T}} g(x^*,x^*)y-x^*\rangle=\frac{1}{2}\langle p^*,\nabla^{\mathrm{T}} g(x^*,x^*)(y-x^*)\rangle$$

$$\leqslant \frac{1}{2}\langle p^*, g(y,y)-g(x^*,x^*)\rangle \tag{6.7}$$

综上所述，当对称函数 g 满足 $g|_{x=y}$ 是凸的，则变分不等式组(6.4)可转化为下面的表达式：

$$\begin{cases}\langle F(x^*), y-x^*\rangle+\frac{1}{2}\langle p^*, g(y,y)-g(x^*,x^*)\rangle\geqslant 0, & \forall y\in\Omega \\ \langle p-p^*, -g(x^*,x^*)\rangle\geqslant 0, & \forall p\in K\end{cases} \tag{6.8}$$

注：综上所述，当对称函数 g 关于变量 y 对任意的 x 都是可微的，且满足 $g|_{x=y}$ 是凸的向量值映射时，上述表达式(6.3)～式(6.5)与式(6.8)是彼此等价的。

6.3　二阶锥双约束的变分不等式的增广拉格朗日方法

下面建立增广拉格朗日方法求解二阶锥双约束的变分不等式(6.1)，其具体内容如下：

设 $x^1\in\Omega, p^1\in K$ 分别是原始变量和拉格朗日乘子的初始点。若第 k 步迭代点为 $(x^k\in\Omega, p^k\in K)$，则第 $k+1$ 步迭代点 $(x^{k+1}\in\Omega, p^{k+1}\in K)$ 计算如下：

$$\begin{cases}x^{k+1}\in \arg\min\left\{\frac{1}{2}\|y-x^k\|^2+\alpha M(x^{k+1},y,p^k)\,\middle|\, y\in\Omega\right\} \\ p^{k+1}=\Pi_K(p^k+\alpha g(x^{k+1},x^{k+1}))\end{cases} \tag{6.9}$$

其中，$\alpha>0$ 及

$$M(x,y,p)=\langle F(x), y-x\rangle+\frac{1}{2\alpha}\|\Pi_K(p+\alpha g(x,y))\|^2-\frac{1}{2\alpha}\|p\|^2 \tag{6.10}$$

是问题(6.2)的增广拉格朗日函数。

不难发现算法(6.9)中第一式的两边都含有 x^{k+1}，因此该式是一个隐式方程。在求解实际问题的过程中求解这个隐式方程是至关重要的。

为了证明增广拉格朗日方法式(6.9)的收敛性，经过计算式(6.9)的表达式可以等价转化为下面的变分不等式系统：

$$\langle x^{k+1}-x^k+\alpha[F(x^{k+1})+\nabla_y g(u^{k+1})\Pi_K(p^k+\alpha g(u^{k+1}))], y-x^{k+1}\rangle\geqslant 0, \quad \forall y\in\Omega \tag{6.11}$$

和

$$\langle p^{k+1}-p^k+\alpha g(u^{k+1}), p-p^{k+1}\rangle\geqslant 0, \quad \forall p\in K \tag{6.12}$$

其中，u^{k+1} 表示 (x^{k+1}, x^{k+1})。

下面的定理证明了求解二阶锥双约束的变分不等式(6.1)的增广拉格朗日方法的全局收敛性。

定理 4.1 设二阶锥双约束的变分不等式(6.1)的解集 Ω^* 非空，$F:\mathbf{R}^n\to\mathbf{R}^n$ 是单调映射，$g:\mathbf{R}^n\to\mathbf{R}^m$ 是可微的凸映射，$\Omega\subset\mathbf{R}^n$ 是闭凸集及 $\alpha>0$。则由增广拉格朗日方法式(6.9)产生的迭代点列 $\{x^k\}$ 依范数单调收敛于二阶锥约束的变分不等式(6.1)的解。

证明：在式(6.11)中令 $y=x^*$，由式(6.9)中的第二式可得

$$\langle x^{k+1}-x^k+\alpha(F(x^{k+1})+\nabla_y g(u^{k+1})p^{k+1}),x^*-x^{k+1}\rangle\geqslant 0$$

由上面的不等式可以继续计算

$$\langle x^{k+1}-x^k,x^*-x^{k+1}\rangle+\alpha\langle F(x^{k+1}),x^*-x^{k+1}\rangle+\alpha\langle\nabla_y g(u^{k+1})p^{k+1},x^*-x^{k+1}\rangle\geqslant 0 \tag{6.13}$$

根据式(6.7)和 $g(x,x)$ 的凸性，式(6.13)不等号左边的最后一项可以表示成

$$\begin{aligned}\langle p^{k+1},\nabla_y^{\mathrm{T}} g(u^{k+1})(x^*-x^{k+1})\rangle&=\frac{1}{2}\langle p^{k+1},\nabla^{\mathrm{T}} g(u^{k+1})(x^*-x^{k+1})\rangle\\&\leqslant\frac{1}{2}\langle p^{k+1},g(x^*,x^*)-g(u^{k+1})\rangle\end{aligned} \tag{6.14}$$

将式(6.14)代入式(6.13)可以得到

$$\langle x^{k+1}-x^k,x^*-x^{k+1}\rangle+\alpha\langle F(x^{k+1}),x^*-x^{k+1}\rangle+\frac{\alpha}{2}\langle p^{k+1},g(x^*,x^*)-g(u^{k+1})\rangle\geqslant 0 \tag{6.15}$$

在式(6.8)中的第一个不等式中令 $y=x^{k+1}$，得

$$\langle F(x^*),x^{k+1}-x^*\rangle+\frac{1}{2}\langle p^*,g(x^{k+1},x^{k+1})-g(x^*,x^*)\rangle\geqslant 0 \tag{6.16}$$

将式(6.15)和式(6.16)两式相加，得

$$\langle x^{k+1}-x^k,x^*-x^{k+1}\rangle+\alpha\langle F(x^{k+1})-F(x^*),x^*-x^{k+1}\rangle+\frac{\alpha}{2}\langle p^{k+1}-p^*,g(x^*,x^*)-g(u^{k+1})\rangle\geqslant 0 \tag{6.17}$$

在式(6.12)中令 $p=p^*$，又由于 $\langle p^{k+1},g(x^*,x^*)\rangle\leqslant 0$ 及 $\langle p^*,g(x^*,x^*)\rangle=0$，可得

$$\frac{1}{2}\langle p^{k+1}-p^k,p^*-p^{k+1}\rangle-\frac{\alpha}{2}\langle g(u^{k+1})-g(x^*,x^*),p^*-p^{k+1}\rangle\geqslant 0 \tag{6.18}$$

注意到 $F(x)$ 是单调算子，将式(6.17)和式(6.18)两式相加，可以得到

$$\langle x^{k+1}-x^k,x^*-x^{k+1}\rangle+\frac{1}{2}\langle p^{k+1}-p^k,p^*-p^{k+1}\rangle\geqslant 0 \tag{6.19}$$

对任意的 $x_1,x_2,x_3\in\mathbf{R}^n$，根据下面的内积与范数的关系：

$$\|x_1-x_3\|^2=\|x_1-x_2\|^2+2\langle x_1-x_2,x_2-x_3\rangle+\|x_2-x_3\|^2$$

则有

$$\langle x_1 - x_2, x_2 - x_3 \rangle = \frac{1}{2}\| x_1 - x_3 \|^2 - \frac{1}{2}(\| x_1 - x_2 \|^2 + \| x_2 - x_3 \|^2) \tag{6.20}$$

根据式(6.20)的关系，式(6.19)经过运算可以转化为

$$\| x^{k+1} - x^k \|^2 + \frac{1}{2}\| p^{k+1} - p^k \|^2 + \| x^{k+1} - x^* \|^2 + \frac{1}{2}\| p^{k+1} - p^* \|^2$$

$$\leqslant \| x^k - x^* \|^2 + \frac{1}{2}\| p^k - p^* \|^2 \tag{6.21}$$

将式(6.21)不等号的左右两边从 $k=0$ 到 $k=N$ 相加得

$$\sum_{k=0}^{N}\| x^{k+1} - x^k \|^2 + \frac{1}{2}\sum_{k=0}^{N}\| p^{k+1} - p^k \|^2 + \| x^{N+1} - x^* \|^2 + \frac{1}{2}\| p^{N+1} - p^* \|^2$$

$$\leqslant \| x^0 - x^* \|^2 + \frac{1}{2}\| p^0 - p^* \|^2 \tag{6.22}$$

由上式可以得到序列 $\{(x^i, p^i): i=1,2,\cdots\}$ 是有界的，即

$$\| x^{N+1} - x^* \|^2 + \frac{1}{2}\| p^{N+1} - p^* \|^2 \leqslant \| x^0 - x^* \|^2 + \frac{1}{2}\| p^0 - p^* \|^2$$

及下面级数的收敛性

$$\sum_{k=0}^{\infty}\| x^{k+1} - x^k \|^2 < \infty, \quad \sum_{k=0}^{\infty}\| p^{k+1} - p^k \|^2 < \infty$$

因此，$\| x^{k+1} - x^k \|^2 \to 0\ (k \to \infty)$，$\| p^{k+1} - p^k \|^2 \to 0\ (k \to \infty)$。由于序列 $\{(x^k, p^k): k=1,2,\cdots\}$ 是有界的，存在 (x', p') 及子列 $\{(x^{k_i}, p^{k_i}): i=1,2,\cdots\}$ 使得 $x^{k_i} \to x'(i \to \infty)$ 和 $p^{k_i} \to p'(i \to \infty)$，当然也有

$$\| x^{k_i+1} - x^{k_i} \|^2 \to 0(i \to \infty), \quad \| p^{k_i+1} - p^{k_i} \|^2 \to 0(i \to \infty)$$

在式(6.11)和式(6.12)中取 $k=k_i$，令 $i \to \infty$ 可以得到

$$\langle F(x') + \nabla_y g(x', x') p', y - x' \rangle \geqslant 0, \quad p' = \Pi_K(p' + \alpha g(x', x')), \quad \forall y \in \Omega$$

$$\langle -g(x', x'), p - p' \rangle \geqslant 0, \quad \forall p \in K$$

由式(6.4)可以得到 (x', p') 满足下面的关系：

$$\begin{cases} x' \in \arg\min\{\langle F(x'), y - x' \rangle + \langle p', g(x', y) \rangle \mid y \in \Omega\} \\ p' \in \arg\max\{\langle p, g(x', x') \rangle \mid p \in K\} \end{cases}$$

因此，序列 (x^k, p^k) 的任意聚点都是二阶锥双约束的变分不等式(6.1)的解。由式(6.21)可知序列 $\| x^{k+1} - x^* \|^2 + \| p^{k+1} - p^* \|^2$ 是单调递减的，则可知该序列的极限点存在且是唯一的，设极限点为 $(\bar{x}, \bar{p})$，则有 $x^k \to \bar{x}\ (k \to \infty)$ 和 $p^k \to \bar{p}\ (k \to \infty)$，且 $\bar{x} = x' = x^* \in \Omega$ 及 $\bar{p} = p' = p^* \in K$。证毕。

当二阶锥双约束的变分不等式问题(6.1)中的约束集合 $\Omega = \mathbf{R}^n$ 时，增广拉格朗日方法可以转化为

$$\begin{cases} G^k(x^{k+1}) = 0 \\ p^{k+1} = \Pi_K(p^k + \alpha g(x^{k+1}, x^{k+1})), \alpha > 0 \end{cases} \tag{6.23}$$

其中

$$G^k(x)=x-x^k+\alpha F(x)+\alpha\nabla_y g(x,x)\Pi_K(p^k+\alpha g(x,y))$$

由于投影算子 $\Pi_K(\cdot)$ 是半光滑的，因此 $G^k(\cdot)$ 也是光滑的。从而系统式(6.23)是半光滑的，如果 $\partial G^k(x^{k+1})$ 的任意元素都是非奇异的，则可以应用半光滑牛顿法来求解式(6.23)中的第一式，半光滑牛顿法求解步骤如下：

① 令 $\xi^0=x^k$ 及 $j=0$。

② 若 $G^k(\xi^j)=0$，停止；否则，令 $x^{k+1}=\xi^j$。

③ 选取 $H^j\in\partial G^k(\xi^j)$。求解搜索方向 $d^j\in\mathbf{R}^n$ 满足

$$G^k(\xi^j)+H^jd^j=0$$

④ 令 $\xi^{j+1}=\xi^j+d^j$ 及 $j=j+1$，转到步骤②。

注：事实上，步骤②的停止准则 $G^k(\xi^j)=0$ 通常由 $G^k(\xi^j)\leqslant\varepsilon_0$ 来计算，其中 $\varepsilon_0>0$ 是精度。

6.4 数值实验

本节运用增广拉格朗日方法式(6.23)来求解二阶锥双约束的变分不等式问题(6.1)。对于增广拉格朗日方法中第一式的第 k 步，x^{k+1} 的选取为 $x^{k+1}=\xi^j$，满足

$$\|G^k(\xi^j)\|\leqslant\varepsilon_0$$

而增广拉格朗日方法的停止准则如下：

$$r_k:=\|F(x^k)+\nabla_y g(x^k,x^k)p^k\|\leqslant\varepsilon_1$$

本数值实验应用 MATLAB 2019a 软件，计算机的配置是 Intel Pentimu IV 3.10 GHz CPU 及 8 G RAM。三个实验的数值结果由表 6.1、表 6.2 和表 6.3 给出，其中 n 表示实验问题的维数，K 表示问题(6.1)的二阶锥，k 表示实验问题的外层算法的迭代次数，Time 表示到达终止准则时的 CPU 时间，单位是秒(s)。

例 6.1 考虑二阶锥双约束的变分不等式问题：

$$\langle(\boldsymbol{N}+\boldsymbol{M})x^*,y-x^*\rangle\geqslant 0,\quad\forall y\in\mathbf{R}^n,\quad -g(x^*,y)\in K$$

其中，$g(x,y)=x+y\in K\subseteq\mathbf{R}^n$，$\boldsymbol{N}$ 和 $\boldsymbol{M}$ 是正半定矩阵。

在本例中，$\alpha=0.5$ 及第 j 步牛顿迭代法中的 H^j 的形式如下：

$$H^j=\boldsymbol{I}_n+\alpha(N+M)+\alpha\boldsymbol{B}^j$$

此时，令 $u=p+2\alpha x=(u_1,\bar{u})\in K$，即 $u_1\in\mathbf{R}^1$ 和 $\bar{u}=(u_2,u_3,\cdots,u_n)\in\mathbf{R}^{n-1}$，其中 $\boldsymbol{B}^j$ 计算如下：

$\boldsymbol{B}^j$ 的(1,1)元 B_{11}^j 计算如下：

$$B_{11}^j=\begin{cases}\alpha, & |u_1|<\|\bar{u}\|\\ 2\alpha, & \|\bar{u}\|\leqslant u_1\\ 0, & \|\bar{u}\|\leqslant -u_1\end{cases}$$

$\boldsymbol{B}^j$ 的第一列元素 $B_{i1}^j(i=2,3,\cdots,n)$ 计算如下：

$$B_{i1}^j=\begin{cases}\alpha\dfrac{u_i}{\|\bar{u}\|}, & |u_1|<\|\bar{u}\| \\ 0, & \|\bar{u}\|\leqslant u_1 \\ 0, & \|\bar{u}\|\leqslant -u_1\end{cases}$$

$\boldsymbol{B}^j$ 的第一行元素 $B_{1k}^j(k=2,3,\cdots,n)$ 计算如下：

$$B_{1k}^j=\begin{cases}\alpha\dfrac{u_k}{\|\bar{u}\|}, & |u_1|<\|\bar{u}\| \\ 0, & \|\bar{u}\|\leqslant u_1 \\ 0, & \|\bar{u}\|\leqslant -u_1\end{cases}$$

$\boldsymbol{B}^j$ 的对角线元素 $B_{ii}^j(i=2,3,\cdots,n)$ 由下式计算：

$$B_{1k}^j=\begin{cases}\alpha\left(1+\dfrac{u_1}{\|\bar{u}\|}-\dfrac{u_1u_i^2}{\|\bar{u}\|^3}\right), & |u_1|<\|\bar{u}\| \\ 2\alpha, & \|\bar{u}\|\leqslant u_1 \\ 0, & \|\bar{u}\|\leqslant -u_1\end{cases}$$

$\boldsymbol{B}^j$ 的其他元素 $B_{ik}^j(i,k=2,3,\cdots,n$ 且 $i\neq k)$ 计算如下：

$$B_{1k}^j=\begin{cases}-\alpha\dfrac{u_1u_iu_k}{\|\bar{u}\|^3}, & |u_1|<\|\bar{u}\| \\ 0, & \|\bar{u}\|\leqslant u_1 \\ 0, & \|\bar{u}\|\leqslant -u_1\end{cases}$$

表 6.1 给出了例 6.1 中的二阶锥双约束的变分不等式问题的增广拉格朗日方法式(6.23)的数值结果。

表 6.1 例 6.1 的数值计算结果

n	K	k	Time/s	r_k	ε_0	ε_1
200	$K^{100}\times K^{100}$	19	6.421 875e+00	9.864 113e−03	10^{-6}	10^{-2}
400	$K^{200}\times K^{200}$	20	2.955 313e+01	6.802 632e−03	10^{-6}	10^{-2}
800	$K^{400}\times K^{400}$	20	1.489 063e+02	9.987 015e−03	10^{-6}	10^{-2}
1 200	$K^{600}\times K^{600}$	21	7.424 063e+02	5.123 815e−03	10^{-6}	10^{-2}
2 000	$K^{1\,000}\times K^{1\,000}$	21	2.009 469e+03	6.645 142e−03	10^{-6}	10^{-2}

例 6.2 考虑二阶锥双约束的变分不等式问题：

$$\langle \boldsymbol{P}(\boldsymbol{P}+\boldsymbol{Q})\boldsymbol{x}^*,\boldsymbol{y}-\boldsymbol{x}^*\rangle\geqslant 0,\quad \forall\,\boldsymbol{y}\in\mathbf{R}^n,\quad -g(\boldsymbol{x}^*,\boldsymbol{y})\in K$$

其中，$g(\boldsymbol{x},\boldsymbol{y})=\boldsymbol{x}\circ\boldsymbol{y}$，是向量 $\boldsymbol{x}$ 和 $\boldsymbol{y}$ 的约当积，$\boldsymbol{P}$ 和 $\boldsymbol{Q}$ 是正半定矩阵。

在本数值实验中，取 $\alpha=0.5$ 及第 j 步牛顿迭代法中的 H^j 的表达式如下：

$$H^j = \boldsymbol{I}_n + \alpha \boldsymbol{P}(\boldsymbol{P}+\boldsymbol{Q}) + \alpha \boldsymbol{B}^j$$

此时，令 $u = p + \alpha \boldsymbol{x} \circ \boldsymbol{x} = (u_1, \bar{u}) \in K$，即 $u_1 \in \mathbf{R}^1$ 和 $\bar{u} = (u_2, u_3, \cdots, u_n) \in \mathbf{R}^{n-1}$，其中 $\boldsymbol{B}^j$ 计算如下：

$\boldsymbol{B}^j$ 的(1,1)元 B_{11}^j 可计算如下：

$$B_{11}^j = \begin{cases} \frac{1}{2}(\|\bar{u}\| + u_1) + \alpha \sum_{i=1}^{n} \frac{u_i}{\|\bar{u}\|} x_1 x_i, & |u_1| < \|\bar{u}\| \\ \frac{1}{2}(\|\bar{u}\| + u_1) + 2\alpha x_1^2, & \|\bar{u}\| \leqslant u_1 \\ 0, & \|\bar{u}\| \leqslant -u_1 \end{cases}$$

$\boldsymbol{B}^j$ 的第一列元素 $B_{i1}^j (i=2,3,\cdots,n)$ 计算如下：

$$B_{i1}^j = \begin{cases} \frac{1}{2}\left(1 + \frac{u_1}{\|\bar{u}\|}\right) u_i + \alpha \frac{u_i}{\|\bar{u}\|} x_1 x_i + \\ \alpha \left(1 + \frac{u_1}{\|\bar{u}\|} - \frac{u_1 u_i^2}{\|\bar{u}\|^3}\right) x_i^2 - \alpha \sum_{l=3}^{n} \frac{u_1 u_i u_l}{\|\bar{u}\|^3} x_i x_l, & |u_1| < \|\bar{u}\| \\ \frac{1}{2}\left(1 + \frac{u_1}{\|\bar{u}\|}\right) u_i + 2\alpha u_i, & \|\bar{u}\| \leqslant u_1 \\ 0, & \|\bar{u}\| \leqslant -u_1 \end{cases}$$

$\boldsymbol{B}^j$ 的第一行元素 $B_{1k}^j (k=2,3,\cdots,n)$ 计算如下：

$$B_{1k}^j = \begin{cases} \frac{1}{2}\left(1 + \frac{u_1}{\|\bar{u}\|}\right) u_k + \alpha x_1 x_k + \alpha \frac{u_k}{\|\bar{u}\|} x_1^2, & |u_1| < \|\bar{u}\| \\ \frac{1}{2}\left(1 + \frac{u_1}{\|\bar{u}\|}\right) u_k + 2\alpha x_1 x_k, & \|\bar{u}\| \leqslant u_1 \\ 0, & \|\bar{u}\| \leqslant -u_1 \end{cases}$$

$\boldsymbol{B}^j$ 的对角线元素 $B_{ii}^j (i=2,3,\cdots,n)$ 计算如下：

$$B_{ii}^j = \begin{cases} \frac{1}{2}\left(1 + \frac{u_1}{\|\bar{u}\|}\right) + \alpha \frac{u_i}{\|\bar{u}\|} x_i^2 + \alpha \left(1 + \frac{u_1}{\|\bar{u}\|} - \frac{u_1 u_i^2}{\|\bar{u}\|^3}\right) x_1 x_i, & |u_1| < \|\bar{u}\| \\ \frac{1}{2}(\|\bar{u}\| + u_1) + 2\alpha x_1 x_i, & \|\bar{u}\| \leqslant u_1 \\ 0, & \|\bar{u}\| \leqslant -u_1 \end{cases}$$

$\boldsymbol{B}^j$ 的其他元素 $B_{ik}^j (i, k=2,3,\cdots,n$ 且 $i \neq k)$ 表示如下：

$$B_{ik}^j = \begin{cases} \alpha \frac{u_i}{\|\bar{u}\|} x_k x_i + \alpha \frac{u_1 u_i u_k}{\|\bar{u}\|^3} x_1 x_i, & |u_1| < \|\bar{u}\| \\ 0, & \|\bar{u}\| \leqslant u_1 \\ 0, & \|\bar{u}\| \leqslant -u_1 \end{cases}$$

表 6.2 给出了例 6.2 中的二阶锥双约束的变分不等式问题的增广拉格朗日方法

式(6.23)的数值结果。

表 6.2　例 6.2 的数值计算结果

n	K	k	Time/s	r_k	ε_0	ε_1
200	$K^{100}\times K^{100}$	21	2.575 625e+00	9.680 187e−07	10^{-9}	10^{-6}
400	$K^{200}\times K^{200}$	24	1.859 375e+01	6.663 238e−07	10^{-9}	10^{-6}
800	$K^{400}\times K^{400}$	30	1.293 750e+02	7.049 868e−07	10^{-9}	10^{-6}
1 200	$K^{600}\times K^{600}$	36	5.042 344e+02	8.376 350e−07	10^{-9}	10^{-6}
2 000	$K^{1\,000}\times K^{1\,000}$	56	3.395 703e+03	9.972 165e−07	10^{-9}	10^{-6}

例 6.3　考虑二阶锥双约束的变分不等式问题

$$\langle x^*, y-x^*\rangle \geqslant 0,\quad \forall y\in \mathbf{R}^n,\quad -g(x^*,y)\in K$$

其中，$g(x,y)$定义如下：

$$g(x,y)=\begin{pmatrix} y_1 e^{x_1}+x_1 e^{y_1} \\ \vdots \\ y_n e^{x_n}+x_n e^{y_n}\end{pmatrix}$$

在本数值实验中，取 $\alpha=0.5$ 及第 j 步牛顿迭代法中的 H^j 的表达式如下：

$$H^j=(1+\alpha)\boldsymbol{I}_n+\alpha\boldsymbol{B}^j$$

此时，令 $u=(u_1,\bar{u})\in K$，即 $u_1\in\mathbf{R}^1$ 和 $\bar{u}=(u_2,u_3,\cdots,u_n)\in\mathbf{R}^{n-1}$，可以计算 $u_i=p_i+2\alpha x_i e^{x_i}$ 和 $c_i=(1+x_i)e^{x_i}(i=1,2,\cdots,n)$。$\boldsymbol{B}^j$ 计算如下：

$\boldsymbol{B}^j$ 的(1,1)元 B_{11}^j 计算如下：

$$B_{11}^j=\begin{cases}\dfrac{1}{2}(\|\bar{u}\|+u_1)c_1 e^{x_1}+\alpha c_1^2, & |u_1|<\|\bar{u}\| \\ \dfrac{1}{2}(\|\bar{u}\|+u_1)c_1 e^{x_1}+\alpha c_1^2, & \|\bar{u}\|\leqslant u_1 \\ 0, & \|\bar{u}\|\leqslant -u_1\end{cases}$$

$\boldsymbol{B}^j$ 的第一列元素 $B_{i1}^j(i=2,3,\cdots,n)$表示如下：

$$B_{i1}^j=\begin{cases}\alpha\dfrac{u_i}{\|\bar{u}\|}c_i c_1, & |u_1|<\|\bar{u}\| \\ 0, & \|\bar{u}\|\leqslant u_1 \\ 0, & \|\bar{u}\|\leqslant -u_1\end{cases}$$

$\boldsymbol{B}^j$ 的第一行元素 $B_{1k}^j(k=2,3,\cdots,n)$计算如下：

$$B_{1k}^j=\begin{cases}\alpha\dfrac{u_k}{\|\bar{u}\|}c_k c_1, & |u_1|<\|\bar{u}\| \\ 0, & \|\bar{u}\|\leqslant u_1 \\ 0, & \|\bar{u}\|\leqslant -u_1\end{cases}$$

$\boldsymbol{B}^j$ 的对角线元素 $B_{ii}^j(i=2,3,\cdots,n)$ 计算如下：

$$B_{ii}^j=\begin{cases}\dfrac{1}{2}\left(1+\dfrac{u_1}{\|\bar{u}\|}\right)u_ic_i\mathrm{e}^{x_i}+\alpha\left(1+\dfrac{u_1}{\|\bar{u}\|}-\dfrac{u_1u_i^2}{\|\bar{u}\|^3}\right)c_i^2, & |u_1|<\|\bar{u}\| \\ \dfrac{1}{2}\left(1+\dfrac{u_1}{\|\bar{u}\|}\right)u_ic_i\mathrm{e}^{x_i}+2\alpha c_i^2, & \|\bar{u}\|\leqslant u_1 \\ 0, & \|\bar{u}\|\leqslant -u_1\end{cases}$$

$\boldsymbol{B}^j$ 的其他元素 $B_{ik}^j(i,k=2,3,\cdots,n$ 且 $i\neq k)$ 表示如下：

$$B_{ik}^j=\begin{cases}-\alpha\dfrac{u_1u_iu_k}{\|\bar{u}\|^3}c_ic_k, & |u_1|<\|\bar{u}\| \\ 0, & \|\bar{u}\|\leqslant u_1 \\ 0, & \|\bar{u}\|\leqslant -u_1\end{cases}$$

表 6.3 给出了例 6.3 中的二阶锥双约束的变分不等式问题的增广拉格朗日方法式(6.23)的数值结果。

表 6.3　例 6.3 的数值计算结果

n	K	k	Time/s	r_k	ε_0	ε_1
200	$K^{100}\times K^{100}$	23	7.328 125e+00	6.701 724e−04	10^{-6}	10^{-3}
400	$K^{200}\times K^{200}$	24	2.343 750e+01	6.677 153e−04	10^{-6}	10^{-3}
800	$K^{400}\times K^{400}$	25	1.191 719e+02	7.934 865e−04	10^{-6}	10^{-3}
1 200	$K^{600}\times K^{600}$	26	3.642 750e+02	8.302 493e−04	10^{-6}	10^{-3}
2 000	$K^{1\,000}\times K^{1\,000}$	28	1.715 453e+03	7.134 481e−04	10^{-6}	10^{-3}

以上的数值实验结果表明，增广拉格朗日方法对于解决二阶锥双约束的变分不等式问题是可行和有效的。

6.5　本章小结

本章首先提出了一类新的二阶锥双约束的变分不等式问题，它是双约束变分不等式问题的推广。为了解决这一问题，不同于以往的神经网络方法，本书采用增广拉格朗日方法求解二阶锥双约束的变分不等式问题。根据双约束的特点，可以将该问题转化为鞍点问题，然后通过使用投影算子的性质对原始的二阶锥双约束的变分不等式问题进行等价变换。利用上面的变换，构造了二阶锥双约束的变分不等式问题的增广拉格朗日方法，而且证明了求解二阶锥双约束的变分不等式问题的增广拉格朗日方法的收敛性定理。最后，通过三个算例说明了该方法求解二阶锥双约束的变分不等式问题的可行性和有效性。

参考文献

[1] Hartman P, Stampacchia G. On some nonlinear elliptic differential functional equations[J]. Acta Mathematica, 1966, 115: 153-188.

[2] Lions J L, Stampacchia G. Variational inequalities[J]. Communications on Pure Applied Mathematics, 1967, 20: 493-519.

[3] Mancino O G, Stampacchia G. Convex programming and variational inequalities[J]. Journal of Optimization Theory and Applications, 1972, 9: 3-23.

[4] Stampacchia G. Variational inequalities[J]. Communications on Pure and Applied Mathematics, 1967(20):493-512.

[5] Stampacchia G. Formes bilineaires coercitives Surles ensembles convexes[J]. Comptes Rendus Academie Sciences Paris, 1964, 258: 4413-4416.

[6] Baiocchi C, Capelo A. Variational and Quasi-variational Inequalities: Applications to Free Boundary Problems[M]. Chichester: John Wiley, 1984.

[7] Kinderlehrer D, Stampacchia G. An Introduction to Variational Inequalities and Their Applcations[M]. New York: Academic Press, 1980.

[8] Barbu V. Optimal Control of Variational Inequalities[M]. Boston: Pitman Advanced Publishing Program, 1984.

[9] Glowinski R, Lions J L, Trémolierès R. Analyse Numérique des Inéquations Variationeldes[M], Paris: Dunod-Bordas, 1976.

[10] Isac G. Complementarity problems[M]//Lectures Notes in Mathematics. New York: Springer-Verlag, 1992.

[11] Chipot M. Variational Inequalities and Flflow in Porousmedia[M]. New York: Springer-Verlag, 1984.

[12] Friedman A. Variational Principle and Free-boundary Problems[M]. New York: John Wiley, 1982.

[13] Glowinski R. Numercial Methods for Nonlinear Variational Problems[M]. New York: Springer-Verlag, 1984.

[14] Glowinski R, Lions J L, Trémolierès R. Numerical Analysis of Variational Inequalities[M]. Amsterdam: North-Holland, 1981.

[15] Han W, Reddy B D. Plasticity: Mathemaical Theory and Numercial Analysis [M]. New York: Springer-Verlag, 1999.

[16] Han W, Sofonea M. Quasistatic Contact Problems in Viscoelasticity and Vis-

coplasticit[M]. [S. l.]: American Mathmatical Society and International Press, 2002.

[17] Panagiotopoulos P D. Inequalities Problems in Mechanics and Applications [M]. Boston: Birkh¨auser, 1985.

[18] Rodrigues J F. Obstacle Problems in Mathematical Physics[M]. Amsterdam: North-Holand, 1987.

[19] Facchinei F, Pang J S. Finite-dimensinal Variational Inequalities and Complementarity Problems[M]. New York: Springer-Verlag, 2003.

[20] Harker P T, Pang J S. Finite dimensional variational inequality and nonlinear complementarity problems: a survey of theory, algorithms and applications [J]. Mathematical Programming, 1990, 48: 161-220.

[21] Kojima M, Mizuno S, Noma T. A new continuation method for complementarity problems with uniform P-functions[J]. Mathematical Programming, 1989, 43: 107-113.

[22] Wright S J. An infeasible-interior-point algorithm for linear complementarity problems[J]. Mathematical Programming, 1994, 67: 29-51.

[23] Oléaty D, White R. Multisplittings of matrices and parallel solution of linear systems [J]. SIAM Journal of Algebraic Discrete Methods, 1985, 6: 630-640.

[24] Frommer A, Mayer G. On the theory and practice of multisplitting methods in parallel computation[J]. Computing, 1992, 49: 63-74.

[25] Frommer A, Szyld D B. H-splittings and two-stage iterative methods[J]. Numerische Mathematik, 1992, 63: 345-356.

[26] Benassi M, White R. Parallel numerical solution of variational inequalities [J]. SIAM Journal of Numerical Mathematic and Analysis, 1994, 31: 813-830.

[27] Bai Z Z, Evans D J. Matrix multisplitting relaxation methods for linear complementarity problems[J]. International Journal of Computer Mathematics, 1997, 63: 309-326.

[28] Bai Z Z. On the convergence of the multisplitting methods for the linear complementarity problem[J]. SIAM Journal of Matrix Analysis and Application, 1999, 21(1): 67-78.

[29] Watson L T. Solving the nonlinear complementarity problem by a homotopy method[J]. SIAM Journal on Control and Optimization, 1979, 17: 36-46.

[30] Chen X, Ye Y. On homotopy-smoothing methods for box-constrained variational inequalities[J]. SIAM Journal on Control and Optimization, 1999, 37:

589-616.

[31] Billups S C, Watson L T. A probability-one homotopy algorithm for nonsmooth equations and mixed complementarity problems[J]. SIAM Journal on Optimization, 2002, 12: 606-626.

[32] Lobo M S, Vandenberghe L, Boyd S, et al. Applications of second-order cone programming[J]. Linear Algebra and its Application, 1998, 284: 193-228.

[33] Monteiro R D C, Tsuchiya T. Polynomial convergence of primal-dual algorithms for the second-order cone programs based on the MZ-family of directions[J]. Mathematical Programming, 2000, 88: 66-83.

[34] Tsuchiya T. A convergence analysis of the scaling-invariant primal-dual path-following algorithms for second-order cone programming[J]. Optimization Methods & Software, 1999, 11: 141-182.

[35] Bai Y Q, Gehmi M, Roos C. A comparative study of Kernel functions for primal-dual interior-point algorithms in linear optimizations[J]. SIAM Journal on Optimization, 2004, 15(1): 101-128.

[36] Bai Y Q, Roos C. A polynomial-time algorithm for linear optimization based on a new simple kernel function[J]. Optimization Methods and Software, 2003, 18(6): 631-646.

[37] Bai Y Q, Gehmi M, Roos C. A new efficient large-update primal-dual interior-point method based on a finite barrier[J]. SIAM Journal on Optimization, 2002, 13(3): 766-782.

[38] Chen J S. Merit function and nonsmooth functions for second-order cone complementarity problems[D]. Seattle: University of Washington, 2001.

[39] Chen X D, Sun D, Sun J. Complementarity functions and numerical expeirments on some smoothing Newton methods for second-order cone complementarity problems[J]. Computational Optimization and Applications, 2003, 25: 39-56.

[40] 孙菊贺. 求解锥约束变分不等式问题的数值方法[M]. 北京：经济科学出版社, 2017.

[41] Hestenes M R. Multiplier and gradient method[J]. Journal of Optimization Theory and Applications, 1969, 4: 303-320.

[42] Powell M J D. A Method for Nonlinear Constraints in Minimization Problems [M]. New York: Academic Press, 1969: 283-298.

[43] Di Pillo G, Grippe L. A new class of augmented Lagrangian in nonlinear programming[J]. SIAM Journal on Control and Optimization, 1979, 17: 618-628.

[44] Di Pillo G, Grippe L. A new augmented Lagrangian function for inequality

constraints in nonlinear programming problems[J]. Journal of Optimization Theory and Applications, 1982, 36: 495-519.

[45] Rockafellar R T. Convex Analysis[M]. Princeton, New Jersey: Princeton University Press, 1970.

[46] Rockafellar R T. New applications of duality in convex programming[J]. In Proceedings Fourth Conference on Probability, 4th, Brasov Romania, 1971: 73-81.

[47] Polyak R A, Tebonlle M. Nonlinear rescaling and classical-like methods in convex optimization[J]. Mathematical Programming, 1997, 76: 265-284.

[48] Mangasarian O L. Unconstrained Lagrangians in nonlinear programming[J]. SIAM Journal on Control, 1975, 13: 772-791.

[49] Charalambous C. Nonliear least P-th optimization and nonlinear programming [J]. Mathematical Programming, 1977, 12: 195-225.

[50] Bertsekas D P. Optimization and Multiplier Methods[M]. New York: Academic Press, 1982.

[51] Polyak R A. Modifified barrier function: theory and methods[J]. Mathematical Programming, 1992, 54(2): 177-222.

[52] Goldfarb D, Polyak R, Scheinberg K, et al. A modifified barrier-augmented Lagrangian method for constrained minimization[J]. Computational Optimization and Applications, 1999, 14: 55-74.

[53] Sun D F, Sun J, Zhang L W. The rate of convergence of the augmented Lagrangian method for nonlinear semidefifinite programming[J]. Mathmatical Programming, 2008, 114(2): 349-391.

[54] Xiao X T, Zhang L W, Zhang J Z. On convergence of augmented Lagrange method for inverse semidefifinite quadratic programming problems[J]. Journal of Indstrial and Management Optimization, 2009, 5(2): 319-339.

[55] Zhang L W, Yang X Q. An augmented Lagrangian approach with a variable transformation in nonlinear programming[J]. Nonlinear Analysis, 2008, 69: 2095-2113.

[56] Liu Y J, Zhang L W. On the convergence of the augmented Lagrangian method for nonlinear optimization problems over second-order cones[J]. Journal of Optimization Theory and Applications, 2008, 139: 557-575.

[57] Sun D F, Sun J, Zhang L W. The rate of convergence of the augmented Lagrangian method for nonlinear semidefifinite programming[J]. Mathematical Programming, 2008, 114: 349-391.

[58] Liu Y J, Zhang L W. On the approximate augmented Lagrangian for nonlin-

ear symmetric cone programming[J]. Nonlinear Analysis, 2008, 68: 1210-1225.

[59] Liu Y J, Zhang Y J. Convergence analysis of the augmented Lagrangian method for nonlinear second - order cone optimization problems[J]. Nonlinear Analysis, 2007, 67: 1359-1373.

[60] Sun D F, Sun J, Zhang L W. The rate of convergence of the augmented Lagrangian method for nonlinear semidefifinite programming[J]. Mathematical Programming, 2008, 114: 349-391.

[61] Shapiro A, Sun J. Some properties of the augmented Lagrangian in cone constrained optimization[J]. Mathematics of Operations Research, 2004, 29: 479-491.

[62] Antipin A S. Solution methods for variational inequalities with coupled constraints[J]. Computational Mathematics and Mathematical Physics, 2000, 40: 1239-1254.

[63] He B S, Yang H, Wang S L. Alternating direction method with self-adaptive penalty parameters for monotone variational inequalities[J]. Journal of Optimization Theory and Applications, 2000, 106(2): 337-366.

[64] He B S, Liao L Z, Han D R, et al. A new inexact alternating directions method for monotone variational inequalities[J]. Mathematical Programming, 2002, 92: 103-118.

[65] He B S, Liao L Z, Qian M J. Alternating projection based prediction-correction methods for structured variational inequalities[J]. Journal of Computational Mathematics, 2006, 24: 693-710.

[66] Mosco U. Implict variational problems and quasi-variational inequalities[J]. Lecture Notes in Mathematics, 1976, 543: 83-156.

[67] Antipin A S. Differential equations for equilibrium problems with coupled constraints[J]. Nonlinear Analysis, 2001, 47: 1833-1844.

[68] Fukushima M, Luo Z Q, Tseng P. Smoothing functions for second-order-cone complimentarity problems[J]. SIMA Journal on Optimization, 2002, 12: 436-460.

[69] Chen X D, Sun D, Sun J. Complementarity functions and numerical experiments for second-order-cone complementarity problems[J]. Computational Optimization and Applications, 2003, 25: 39-56.

[70] Aubin J P, Frankowska H. Set Valued Analysis[M]. Boston: Birkhauser, 1990.

[71] Levin M I, Makarov V L, Rubinov A M. Mathematical Models of Economic

Interaction[M]. Moscow: Fizmatgiz, 1993.
[72] Garcia C B, Zangwill W I. Pathways to Solutions, Fixed Points, and Equilibria[M]. New York: Prentice Hall, 1991.
[73] Antipin A S. The convergence of proximal methods to fifixed points of extremal mappings and estimates of their convergence rate[J]. Zh. Vychisl. Mat. Mat. Fiz., 1995, 35: 688-704.
[74] Antipin A S. Differential equations for equilibrium problems with coupled constraints[J]. Nonlinear Analysis, 2001, 47: 1833-1844.
[75] Qi L, Sun J. A nonsmooth version of Newton's method[J]. Mathematical Programming, 1993, 58: 353-367.
[76] Antipin A S. Equilibrium programming-proximal methods[J]. Computational Mathematics and Mathematical Physics, 1997, 37: 1285-1296.
[77] Antipin A S. The convergence of proximal methods to fifixed points of extremal mappings and estimates of their rete of convergence[J]. Computational Mathematics and Mathematical Physics, 1995, 35: 539-551.
[78] Sun J, Fu W, Alcantara J H, et al. A neural network based on the metric projector for solving SOCCVI problem[J]. IEEE Transactions on Neural Networks and Learning Systems, 2021, 32: 2886-2900.
[79] Nazemi A, Sabeghi A. A new neural network framework for solving convex second - order cone constrained variational inequality problems with an application in multi-finger robot hands[J]. Journal of Experimental & Theoretical Artificial Intelligence, 2020, 32: 181-203.
[80] Nazemi A, Sabeghi A. A novel gradient-based neural network for solving convex second - order cone constrained variational inequality problems[J]. Journal of Computational and Applied Mathematics, 2019, 347: 343-356.
[81] Sun J, Chen J S, Ko C H. Neural networks for solving second-order cone constrained variational inequality problem[J]. Computational Optimization & Applications, 2012, 51: 623-648.
[82] Sun J, Zhang L W. A globally convergent method based on fischer-burmeister operators for solving second-order cone constrained variational inequality problems[J]. Computers & Mathematics with Applications, 2009, 58: 1936-1946.
[83] Qi L, Sun J. A nonsmooth version of newton's method[J]. Mathematical Programming, 1993, 58: 353-367.